フレデリック サイツ・ノーマン アインシュプラッハ 著

エレクトロニクスと情報革命を担う
シリコンの物語

堂山昌男・北田正弘 訳

内田老鶴圃

ELECTRONIC GENIE : The Tangled History of Silicon
Frederick Seitz and Norman G. Einspruch
Copyright © 1998 University of Illinois Press
Japanese translation rights arranged with
University of Illinois Press
through Japan UNI Agency, Inc.

ラボアジェ（Antoine Laurent Lavoisier）とラボアジェ婦人
1788年にダヴィ（Jacques Louis David）によって描かれた（ニューヨーク市のメトロポリタン美術館とライツマン（Charles Wrightsman）夫妻の好意による）

ジョン・バーディーンの追憶

　ジョン・バーディーンはベル電話研究所でウォルター・ブラッテンとともに電界効果トランジスターの仕事をしていた．彼はトランジスターの実現を阻んでいた障害を比較的短期間で乗り越え，その扉を開いた．これによって，前人が成し得なかったトランジスター実用化への道を拓いた．さらに，バーディーンとブラッテンはバイポーラ少数キャリア注入トランジスターを発明した．これは実際に使える最初のトランジスターになるとともに，半導体デバイスと集積回路の礎となった．この発明はそれ以後の文明の進歩に著しい影響を与えている．

　その後，バーディーンは研究生活の大半をイリノイ大学で送った．ここでは，1911年にカメリン・オンネスが発見した超伝導現象の機構を理論的に解明するために，レオン・クーパーおよびロバート・シュリファーを指導し，その秘密を明らかにした．

　これらの記念碑となる研究によって，彼らは1956年と1972年にノーベル賞を与えられた．

日本語版によせて

Frederick Seitz

Norman G. Einspruch

　現在も発展し続けている通信技術とデータ処理技術の変革は人間の関係までも変えつつある．急速に発展する新技術により，その需要や起業のチャンスを摑んだ人達は全く新しい世界へと歩み出した．地球規模の情報的な統合が進むにつれ，国境や古くからの文化，社会の伝統などの意味と価値を考え直すことが必要になっている．異なる生活をもっと調和させるように，互いに力を合わせるようになるだろう．そして，宇宙的な視野で世界の文化が交流できるように関わり合いを見出す努力が続けられよう．

　文明を担った印刷技術の影響から人類は逃れられなかった．同じように，文明の流れを逆流させるような大きなできごとが地球上に起こらない限り，人間社会のあらゆる分野は情報革命の影響から逃れることはできない．

　本書は情報革命を担ってきたシリコンの物理・化学的性質を説明しながら，トランジスターや集積回路などのデバイスの歴史を展望するものである．まず，化学の興味の対象としてシリコンを元素として分離するところから物語は始まる．次に，電磁気現象に関するマクスウェルの方程式に至り，さらに，金属と絶縁体の中間の電導性を持つ物質の電導度が金属とは逆に温度上昇とともに低くなるというファラディの発見に進む．そして，トランジスター，集積回路，マイクロプロセッサーへと展開する．

現代科学の最も重要な分野の多くは好奇心や探究心という力によって切り開かれ，有用な発明へと発展した．日本の科学者・技術者もこれらの興味ある歴史の中で貢献している．例えば，無線通信の初期に八木が発明したアンテナのように，先駆的な仕事がある．また，集積回路の発展の段階において，その製造技術の開発に大きな寄与をし，世界的な指導者の役割を担った．これらの事柄を通して，この本が読者に科学技術革新の正しい認識を与えることを心から願う．

終わりに，非常に多岐にわたり，また，込み入った事柄が多い本書を翻訳して下さった堂山博士と北田博士に心から御礼申し上げる．

1999.10.7

フレデリック サイツ
(Frederick Seitz)

ノーマン アインシュプラッハ
(Norman G. Einspruch)

サイツ(Frederick Seitz)は現在，ロックフェラー大学の名誉学長である．米国物理学会会長，米国科学アカデミーの会長などを経て現在名誉会員である．1932年，彼はプリンストン大学のコンドン(E. U. Condon)とウィグナー(E. P. Wigner)の下で大学院学生として固体物理学を研究し始めた．

アインシュプラッハ(Norman G. Einspruch)はマイアミ大学産業工学科の主任教授で，科学工学の権威である．この大学で彼は13年間，工学部長も勤めた．専門は電子工学で，テキサスインストゥルメント社の中央研究所の所長，同社の副社長を勤めた．

訳者まえがき

　　　　　堂山　昌男　　　　　　　　　北田　正弘

　世界的に著名な固体物理学者であるサイツ先生らが20世紀後半の技術革新の担い手になったシリコンの歴史について執筆中であることは前々から伺っていた．出版されてから目を通すと，その歴史的な内容の豊富さと研究開発に関する示唆に富む内容に驚いた．サイツ先生らと懇意にしている訳者は，わが国の技術者や研究者を始め，学生やこの分野に関係する方々にぜひお勧めしたいと考えた．しかし，内容が複雑で多岐に渡るため，原書のままでは理解できない方も多いと思われる．そこで，日本語への翻訳を申し出たところ，快諾して戴き，ここに日本語版が実現した．日本語版の前に，すでにイタリアとスペインで翻訳されており，これは本書が世界的に高く評価されている証である．

　本書の原題は "Electronic Genie"，副題が "The tangled history of silicon" である．そのまま訳せば，"電子の鬼"，"シリコンのもつれた歴史" となる．このままの題ではシリコンに縁のない人には分かりづらいので，著者の了解を得て，"エレクトロニクスと情報革命を担う シリコンの物語" とした．シリコンの発展には非常に多くの人たちが関わっているので，"シリコンを育んだ人々" という題も考慮したが，21世紀に向かってこれからも羽ばたいてゆくシリコンにとって，"エレクトロニクスと情報革命を担う シリコンの物語" のほうがよりふさわしいと考えた．原副題はシリコンにかかわる発見・発明の歴

史が軍事機密や企業秘密などのため，非常にわかりにくくなっていることを表している．もつれた糸を解きほぐすのは大変な仕事であり，特に第二次世界大戦前後と集積回路発明の辺りに不明な点が多い．サイツ先生らはこの期間にシリコンの研究開発プロジェクトに参加し，その後の発展も傍らで眺めていた歴史の目撃者でもある．したがって，シリコンの歴史に明かりをかざすのに最もふさわしい方々である．また，貴重な写真を数多く蒐集している点も，この本の特長といえよう．

訳出にあたっては，できるだけ原文に忠実であることを心掛けた．ただし，そのまま訳すとかなり難解になる箇所もあり，このような部分では，やさしくなるように表現を変えた．さらに，日本語版にあたって，著者から削除，訂正および追加があり，原書とは異なる部分がある．

上述のように，本書はシリコンと集積回路の歴史とともに研究開発の方法論としても重要な事柄を含んでおり，理系の学生，研究者，技術者はもちろんのこと，情報産業，企業戦略や経営にあたっている方々にも広くお勧めしたい．

本書の刊行にあたっては，日本語版を許可して戴いたイリノイ大学出版局，出版を快く引き受けて戴いた(株)内田老鶴圃の内田悟氏と内田学氏に大変ご協力を戴いた．また，ご助言を戴いた小川恵一博士，込み入った文章の編集にあたった内田老鶴圃・編集部の方々に厚く感謝する．

2000.1.31

訳者識

まえがき

　本書を執筆することになった経緯は，この本が持っている課題，すなわち，シリコンが辿ってきた道程(みちのり)と電子工業分野で演じた役割と同様に非常に込み入っている．

　第二次世界大戦のさなか，マサチュセッツ工科大学（MIT）のラジエイション研究所で半導体ダイオードの研究を統率したトーレ（Henry C. Torrey）は，当時，彼が指導していた研究課題についての講演を1993年に依頼された．それは1994年の3月にピッツバークの米国物理学会で話されることになっていた．そのとき，トーレは体調を崩していたので，上記の研究に初めから関わっていた著者の一人であるサイツに代講を頼んだ．トーレが講演のために準備した展望や講演用原稿などを託された著者は喜んで代講を引き受けた．

　講演の原稿は1995年のPhysics Today誌に掲載された．これに対して，いくつかの反応があった．その中で，かつてラジエイション研究所で働いていたパウンド（Robert V. Pound）から親切な助言を戴いた．パウンドは掲載された記事に述べられていなかった第二次世界大戦の初期における英国のマイクロ波レーダー用ヘテロダイン混合器について触れ，シリコン・ダイオードを最初に使ったロビンソン（Denis M. Robinson）の仕事について教えて下さった．著者らはシリコン・ダイオードが英国で最初に使われたことを良く知っていたが，ロビンソンらの仕事であったことを知らなかった．パウンドのお陰で，ロビンソンらの貢献を述べた原稿をPhysics Today誌の寄書(きしょ)欄に投稿することができた．

　入手した文献を紐解くうちに，ロビンソンは当時読んだドイツの文献に触発され，研究を始めたことが明らかになった．この文献は1920年代の結晶ダイオードと1930年代のマイクロ波技術の仕事だけではなく，20世紀初頭のコード化された無線技術の初期の研究にも強い影響を受けているものであった．筆者が歴史的な背景を探索するにつれ，トランジスター開発に貢献した人たちや助言をして下さる方々の世界的なネットワークに支えられるようになった．情

報は日本からロシアに渡る広い国々の人たちから寄せられ，特に，米，英，仏，独，伊の人たちから多くの支援を戴いた．参考文献としては，1956年に発行された Proceedings of the American Philosophical Society に掲載されている要約集がかなりの部分を占めている．これらの文献はコード化された無線に鉱石検波器が使われた1901年から，第二次世界大戦中に開発されたレーダーのヘテロダイン混合器としてシリコン・ダイオードが作られるまでに焦点を当てている．

ただし，まだ多くの疑問が残っていた．例えば，当時は無線電信が実験段階であったのに，なぜシリコンの結晶が取り上げられたのだろうか．どうして，第二次世界大戦直後にベル電話研究所が半導体トライオードの研究を重要な研究として推進したのだろうか．これは偶然だったのか，それとも熟慮した計画によるものであったのだろうか．さらに，最初の実用的なトランジスターの発明に導いた研究の正確な道筋はどうなっているのか．これらに続く，集積回路の発明と開発がどの研究機関で最初に試みられたのか，あるいは，誰によってなされたのか．革新的な新しい発展の結果として，彼らが得たものと失ったものは何だったのだろうか．

この本は比較的少ない頁数で幅広くこれらの事柄を取り扱いたいと思って書かれたものである．端的に述べるならば，シリコンが元素として存在することを最初に予言したラボアジェの時代から，工業の世界と同様，日常の世界でもシリコンが革新的な働きをするようになった現在までの発展を含んでいる．

この本を書く喜びの一つは過ぎ去った昔から現在までの研究者たちの肖像を集め，そして載せることである．ここ何十年かの半導体エレクトロニクスの最前線で働いた多くの人々とともにこの本はでき上がった．

その意味で，この本には少なくとも100人の筆者がいる．本書に対する彼らの貢献は巻末にでき得るかぎり書き留めた．さらに，本書はロックフェラー大学管理部の多大なる支援と，イリノイ大学図書館のマッケイ（Miss. Patricia Mackey）ならびにアワード（Mrs. Florence Arwade）両氏のご助力がなかったら成し得なかった．

目　次

日本語版によせて　　　i
訳者まえがき　　　iii

まえがき　　　v

1　生い立ち　　　1
2　無線電信　　　21
3　真空管時代　　　43
4　半導体研究の夜明け　　　53
5　整流作用の原理　　　81
6　レーダーの開発　　　93
　　ドイツにおけるレーダーの開発　　　96
　　フランスにおけるレーダーの開発　　　106
　　ソ連のレーダー開発　　　109
　　英国のレーダー開発　　　113
　　日本のレーダー研究　　　123
7　米国のラジエイション研究所　　　129
8　ベル電話研究所　　　153
9　個別トランジスター　　　167
10　バーディーンとショックレイ：新たな出発　　　189
11　技術と論理素子の発展：1948-60　　　199
12　集積回路とその発展　　　213
13　1960年代の進歩と希望的将来予測　　　221
14　1970年代とマイクロコントローラー　　　231
15　1980-2000年と将来　　　241

付録A　ハガティの予測（1964 年）　　*255*

付録B　ゴードン・ムーアの予測（1965 年）　　*265*

謝　　辞　　*273*

人名索引　　279
事項索引　　285

1 生い立ち

　情報社会は人の能力をはるかに超える高速の計算機によって支えられている．計算機を超高速道路に例えれば，その路面はシリコンの結晶で舗装されているといってもよい．見方を変えれば，この高速道路は固体物理や材料科学の発展の賜物である．また，化学，金属学，物理学などの異なる分野の知識が力を合わせた結果でもある．これらの学問は計算機の生命である電子回路を設計するとき，固体の中の電子が電場や磁場の下で，どのように振る舞うかを解き明かす力でもある．

　進歩し続ける科学技術からは常に新しい要求があり，これに応えるため，これまでにない複雑な回路を実現する努力が続けられている．そして，基本原理がわかると，技術者らは実用化するために懸命に努力する．電子回路を載せたシリコン結晶の小片，すなわちシリコン・チップを製造する現代の工場は，まさに材料工学の傑作である．そこでは，不純物に極めて敏感なシリコンを守るために環境からの汚染を最小限にし，特性を均一にするために生産工程を精密に調整し，また，経済効率の高い操業で単価を下げている．シリコン・チップの特性が高くなるほど電子回路は精密になり，強力な計算機へと発展する．

　現代の情報社会を知るには，計算機の発展の歴史を紐解けばよい．つまり，電子工学の分野で，シリコンの地位がどのように築かれたかを尋ねてみることである．

　このため，本書では科学の基礎や研究を述べるのではなく，近代工業がシリコンにたどり着くまでの過程を中心に述べる．基礎研究の成果や科学的発見は人類の知的な成果を広く伝えるために科学雑誌に報告され，これは研究者の優先権を記録するものとなる．これに対して，実用的な技術は基礎的知見よりも複雑になるが，技術者にとっては基礎研究に優るとも劣らぬ興味ある仕事である．技術者の研究成果は，彼らが属する企業の知的財産を守るため，あるいは

国の経済・安全を守るために外部への発表を制限されることがある．すなわち，優れた製造工程は職業上の秘密として企業内に保持され，公表されないことがある．しかし，開発者や発明者の利益を保護するために特許の制度があり，これには特許法がある．その運用には，弁護士，事業家，銀行員などの多くの人たちが関係している[1]．また，似たような発明が異なる人，異なる企業，異なる国によってなされ，別々の特許として申請されることもある．これは発明や特許の情況を非常に複雑にし，争いの原因になって喜びや悲しみを生み出す．

シリコンと化学

現代のエレクトロニクスを語るには，19世紀の初めに発見された元素であるシリコンに立ち戻るのがよい．シリコンを発見した化学者らは，発見される前の半世紀の間にこの分野を完璧に革新した近代化学の創始者の業績を引き継いだ者たちである．その創始者とはラボアジェ（Antoine Laurent Lavoisier）である[2]．彼はフランス王室政府の中で経済学と経営に関する豊富な知識と手腕を持つとともに，非常に広い分野で活躍できる専門的な能力を備えていた．たとえば，2500年前から信じられていた物質の構成や基本元素の概念を打ち壊し，基本的で普遍的な構成要素に関する近代的な考え方，すなわち元素を提案した．その元素の数はそれほど多くはなく，といって，古代に考えられていた土・水・空気・火の四つよりは多かった．

ラボアジェのたどった道は解き明かすことが必要な障害物だらけの道であった．彼は当時の化学者や錬金術師が知っていた身近な物質が基本的な元素の組み合わせによってできていることを示した．また，その多くは金属元素に酸素と硫黄が結びついたものであると考えた．

彼が解析を進めるにあたっては，プリーストリー（Joseph Priestley）によって研究された気体の物理・化学的性質に多くの教えを受けた[3]．プリーストリーは牧師でもあったフランスの化学者で，純粋な酸素が示す反応性に強い興味を持っていた．1774年，プリーストリーは水銀の酸化物を熱分解させて酸素を取りだした．一方，キャベンディッシュのグループは，いち早く水素が基本的な材料であること，現代の言葉でいえば元素であると考えていた．といっ

図 1.1
プリーストリー（Joseph Priestley）．
1774 年に水銀酸化物を分解して純粋な酸素を製造した．この結果から，以前に水素が水の重要な物質であると提案していたキャベンディッシュは水が水素の酸化物であることを示した（Robert Hall Ltd.の好意による）．

ても，ラボアジェの化学を見つめる目は，その時代の誰よりも深く，広かった．彼が元素という言葉を考えたかどうかは別として，基本的な化学元素の組み合わせから種々の物質が生み出されることを知っていた．たとえば，一組のトランプのカードで種々の"手"ができるように，一組の元素があれば種々の化合物ができる．また，組み合わせを変えれば，異なるタイプの多くの応用，すなわち物質の生成が可能になる．

化学に対して鋭い目を持っていたラボアジェも，王室政府との関係が深かったために，惜しいかな，恐怖のフランス革命でギロチン台の露と消えた．余談になるが，彼の未亡人は米国生まれの英国の物理学者トンプソン（Benjamin Thompson）と再婚した．トンプソンは力学的仕事と熱がエネルギー的に等価であるという理論を提案した研究者である．上述のプリーストリーはフランス革命が起きてからフランス市民になったのだが，ラボアジェが処刑されてからフランス革命に批判的になり，それがために迫害を恐れて英国を経て米国に逃れた．プリーストリーの人生も，このような意味で歴史に刻まれるものである．

ラボアジェはいくつかの酸化物を合成あるいは分解する研究から，現在の化学用語で二酸化けい素と呼ばれる水晶（あるいはシリカ）が，まだ発見されて

図1.2
トンプソン (Benjamin Thompson).
　米国で生まれ, 独立戦争のときに英国に移った. ドイツのミュンヘン兵器廠で大砲に孔を開ける仕事をしているとき, 孔を開ける仕事量と発生した熱量との相関から, エネルギーと熱の間に関係があることに気付いた (ドイツ博物館の好意による).

いない重要な元素と酸素が結び付いたものであるとの結論を得た. これは 1789 年のことである. しかしながら, フランス革命に阻まれた短い人生のために, 酸素と結び付いている元素を明らかにするという彼の挑戦は後の研究者に引き継がれざるを得なかった.

　ラボアジェの願いを最初に叶えたのはゲー・リュサック (Joseph Louis Gay-Lussac) とテナール (Louis J. Thénard) である. 1811 年, 彼らは加熱したカリウムの上にシリコンを含む弗化物 (弗化シリコン) のガスを流し, シリコンを単体として分離したといわれている. しかし, より決定的な結果は, スウェーデンのベルセーリウス (Jöns Jakob Berzelius) の実験によるもので, 1824 年, 金属カリウムで弗化珪酸カリウムを還元してシリコンを得た. その後, シリコンは地殻の中に最も豊富に含まれているごく身近な元素の一つであることがわかった.

　シリコンが単体として分離された後, シリコンが金属であるか, それとも非金属 (絶縁体) であるかという議論に発展した. ベルセーリウスは金属であるとし, デービー (Humphry Davy) は絶縁体であると主張した. どちらが正しいかは, 結晶体の電子構造が理論的に解明される第二次世界大戦の頃まで待たねばならなかった. そうかといって, シリコンの研究が停滞していたわけで

図 1.3
ベルセーリウス
(Jöns Jakob Berzelius).
　1824 年にシリコン（けい素）を単体で取りだしたスウェーデンの偉大な化学者．金属学者が合金鋼（けい素鋼など）に興味を持つまで，60 年間もシリコンの化学に好奇心を保ち続けた（ドイツ博物館の好意による）．

図 1.4
ウェーラー（Friederich Wöhler）．
　1850 年代に結晶のシリコンを作ることに成功した（ドイツ博物館の好意による）．

はなく，19世紀にはかなり進展した．たとえば，ウェーラー（Friedrich Wöhler）は1859年にシリコンの結晶型を決定した．また，シリコンを主成分とする化合物の研究は19世紀の無機化学分野で主要な位置を占めた．しかし，19世紀末の25年間は，金属学者の興味を引くような基礎的研究はなかった．

メンデレーエフの周期表

ラボアジェが出発点になった化学の革新は，1871年に頂点を迎えた．この年，ロシアの化学者であるメンデレーエフ（Dmitri I. Mendeleev）は，それまでに発見された元素を重さの順に整理し，元素の化学的性質が周期的に変わることを見出した．これが有名な周期表である．メンデレーエフが周期表を発表する前から，マイヤー（Lothar Meyer）が同様な化学的性質を示す元素のグループがあることを示していた．たとえば，リチウム，ナトリウム，カリウムの3元素，マグネシウム，カルシウム，ストロンチウムの3元素である．これらを含めて，全元素を体系的にまとめ上げたメンデレーエフの仕事は，物質

図1.5
メンデレーエフ
(Dmitri I. Mendeleev).
　それまで知られていた元素を整理して周期表を作り，化学に輝かしい飛躍をもたらした（Zhores Alferovの好意による）．

図 1.6
マイヤー (Lothar Meyer).
　リチウム-ナトリウム-カリウム，マグネシウム-カルシウム-ストロンチウムなどが良く似た化学的な性質を持っていることを指摘した化学者．この発見は周期表への第一歩であった（ドイツ博物館の好意による）．

世界の基礎を作る偉大なものである．周期表の中に欠けた部分があるのは，まだ未発見の元素が存在することを示し，彼はこれらを予言した．そして，後にガリウム，スカンジウム，およびゲルマニウムが発見された．これらのうち，ゲルマニウムは炭素やシリコンの仲間で，このシリコン物語の中でも重要な役割を演じている．

　ゲルマニウムは半導体としてシリコンに先駆けて使われ，重要な役割を果たした．もし，いくつかの状況が変わっていれば，ゲルマニウムが主役になっていたかも知れない．ゲルマニウムが主役になれなかったのは，シリコンに劣る点があったためである．地殻中のゲルマニウムの存在量は希土類金属と同じ程度で，資源的な問題があった．また，電子的応用からみると，電気および化学的性質の温度依存性が強いので素子の特性が不安定であった．さらに，集積回路を作るとき絶縁膜は非常に重要な役割を果たすが，ゲルマニウムの酸化膜は水に溶けるので実用化の障害になった．これに対してシリコンの酸化膜は非常に優れた絶縁性と化学的安定性を持っている．

　メンデレーエフの周期表は，化学者が研究を進めるための，この上ない指針になった．さらに，原子物理の量子的解明にも役立った．

金 属 学

　19世紀後半における諸工業の目覚ましい発展は，商業および軍事用の鉄の生産を促した．鋼は鉄と炭素の合金で，主に炭素量の制御による性能向上に力が入れられ，機械や工具，鉄道レール，橋，兵器などへ利用された．当時，冶金学と呼ばれた金属学は飛躍的に発展したが，その技術は経験的な基盤に根ざす熟練技能者らの独占的なものであった．しかしながら，広汎な科学的発展の影響，すなわち理科学機器の利用や化学的方法論から逃れることはできなかった．最も重要な役割を果たした光学顕微鏡と分析機器の利用はもちろん，金属の性質に影響をおよぼす種々の合金元素の効果が探索され，その中でも炭素鋼は飛躍的な発展を遂げた．1890年代までに，合金鋼の開発はがむしゃらと言えるほど進んだ．多くの金属学者は，無機化学，定量分析，熱力学，平衡状態図（相図），および光学顕微鏡による実験などを応用して，金属実験室の中から工業となる知恵を矢継ぎ早に見出した．

　このような研究の中から，鉄にニッケル，クロム，マンガン，シリコンなどを添加し，その量を調整すると，強度，靱性，展延性，さらには耐食性まで改善されることが明らかになった[4]．シリコンは鉄の合金化元素として重要になったが，1890年代には単体としての価値と学術的な地位を失い始め，金属学者に使われる重要な素材の一つになった．言葉を変えれば，その資源が豊富であったために，安価な合金元素と見なされてしまった．

　それから間もなく，種々の金属学的な用途に合わせた純度のシリコンを生産することに強い関心が集まった．たとえば，ワーレン（H. N. Warren）はシリカ，炭素，および鉄の混合物を加熱して，大量・安価にシリコンが生産できることを見出した．同様に，ビグロウ（E. Vigouroux）はマグネシウムと亜鉛の存在下でシリカを還元した．このほかにも，当時の工業目的に合った純度のシリコンを得るために，工夫に富んだ実験がなされた．この中で，カーボランダム社は砂状の高純度シリカをコークスで還元するプロセスを開発した．これは鉄鋼業の要求を十分に満足するものであった．他方，ドイツでは他国の特許に触れないように，原料として炭化シリコンとコークスを用いるプロセスを開発した．

鉄-シリコン合金の研究から生み出された重要な副産物は，当時の需要に合った変圧器その他の装置に利用できる電磁鋼板（けい素鋼板）の発見であった．加工と熱処理法にもよるが，この合金は圧延板の結晶粒が同一方向に揃う性質，いわゆる優先方位を示す．交流で使用される変圧器などでは，交番磁界による磁気的な履歴現象で電力損失が生ずるが，優先方位を持つ合金板は優先方位を持たないものに比較して，損失が非常に少ない．これは当時の電力利用者にとって，大きな利点であった．この世紀の変わり目で研究をリードしたのは，英国のハッドフィールド（Robert A. Hadfield）とドイツのグムリッヒ（E. Gumlich）であった[5]．

図 1.7
ハッドフィールド
（Robert A. Hadfield）．
鉄とシリコンの合金を研究した金属学者．この合金で特殊な磁性を発見した（ロンドン王立協会の好意による）．

シリコンの価格が適切な水準になって実用的になると，ほかにも多くの用途が開けるようになった．たとえば，融けた鉄の中の酸素を取り除くために，脱酸剤としてシリコンをるつぼに投入するようになった．これによって，凝固時に鉄中の酸素が一酸化炭素あるいは二酸化炭素ガスになって放出されることによる鋳塊の空洞発生が防止された．さらに，機械部品やパイプのような高強度を必要とするアルミニウムのために，マグネシウムなどと一緒にシリコンを添加元素として使うようになった．

図1.8
アウイ(René Just-Haüy).
　鉱物学者で，劈開した結晶に現れる面を詳しく調べ，同じ鉱物ならば面と面の角度が同一であること（面角一定の法則）を発見した．さらに結晶の基本構造が3次元の格子からなることを明らかにした．彼は現代結晶学の父と称されている（パリ科学アカデミーの好意による）．

図1.9
ブラベ(Auguste Bravais).
　原子が規則的な3次元格子を作る場合，その巨視的な対称性は本質的に32個に限定されることを示した．この発見は空間格子の並進対称性などの全ての対称性を探す手がかりとなった（パリ科学アカデミーの好意による）．

結晶の対称性

　自然の結晶はしばしば規則的な形を持ち，宝石などとして有史以前から特別な目で見られていた．結晶の物理的性質が測定されるようになると，結晶の異方性が明らかになった．たとえば，光の屈折率，熱伝導率，弾性係数などは，外形にかかわらず結晶内部の方向によって異なった値を示す．そのため，結晶が示す異方性は19世紀に物理および化学の中心的な研究対象となり，それ以来，種々の現象を織り混ぜながら高い精度で研究された．1896年にウラニウムの自然放射能を発見したベクレル（Antoine H. Becquerel）も，その当時，結晶異方性を研究していた．また，自然放射能が発見されるまでは，後に妻のマリーとともにラジウムを発見したピエール・キュリー（Pierre Curie）とその兄弟であるジャック（Jacques）の研究対象も結晶の物理化学であった．兄弟の結晶科学における主な研究成果は，1880年のピエゾ効果の発見である．異方性のある結晶は圧縮や剪断などの力を加えると，一定の方向に電圧を生ずる．逆に，電圧を加えると結晶の特定方向の寸法が変化する．代表的な物質は

図 1.10
ベクレル（Antoine H. Becquerel）．
　結晶性物質の蛍光の研究をしているときに，偶然，自然放射能を発見した（米国物理学会の好意による）．

図 1.11
ピエール・キュリー(Pierre Curie).
　1880年には弟とともにピエゾ電気効果を発見し，その後妻のマリー(Marie)とともにラジウムを発見した（米国物理学会の好意による）.

図 1.12
ボクト(Woldemar Voigt).
　指導的な固体物理学者．彼の実験結果を含め，結晶の巨視的な物理的性質の研究を事典としてまとめた（ドイツ博物館の好意による）.

水晶（二酸化けい素）で，大きなピエゾ効果と化学的安定性のため，その後に発展した電子工学の分野で重要な役割を担うことになった．その中の電子機械共鳴と呼ばれる現象は，私たちが現在使っている電子時計の振動子や電子回路の安定化に使われており，材料は高品質の人工水晶である．

1914年，ボクト（Woldemar Voigt）は結晶の巨視的な物理をまとめた事典的な本を出版した[6]．その後ラウエ（Max von Laue）がデーターを追加して1928年に再び出版した．ラウエは1913年にX線が結晶によって回折されることを発見した人である．ラウエの発見はX線分光学への道を拓き，結晶中の原子や分子配列の決定にも門戸を開いた．たとえば，ごく最近，大きな生物化学分子の構造を決定するのに電子と中性子による分析法が用いられているが，その発端はラウエの仕事である．

結晶の整流作用

結晶物理の分野で才能があり研究熱心な人として，ブラウン（Ferdinand Braun）が挙げられる[7]．彼は，シリコンを含めた半導体の分野で極めて重要な仕事をした．1874年から研究生活に入った彼が最初に取り組んだのは，電気を良く伝えない天然に産する硫化物結晶であった．これらの結晶で，彼は電流を流す向きによって電気伝導度が異なることを発見した．今の言葉でいえば，これは整流効果であって，電気伝導度の高い結晶で観察される電圧と電流が正比例する現象（オームの法則）に反するものであった．また，オームの法則から外れる現象は電極の大きさに依存し，結晶に取り付けられた二つの電極の大きさが違うほど著しいことにも気付いた．この現象が発表された後，他の研究者が追試した．確認するのに手間取ったが，やがて正しいことが確認された．整流作用を示す結晶でも，均質な結晶の中での電気伝導はオームの法則に従うことも明らかになった．整流作用があるのは，表面近くにある阻止層と呼ばれるものに関係していた．ただし，この発見が直ちに注目されたわけではない．新しい工業分野である無線電信が発達し始める19世紀の末まで，文献の中で目立たずに存在するだけであった．

マクスウェルの方程式

マクスウェル（James Clerk Maxwell）が電磁気現象に関する統一的な方程式を築いたのは1865年である．この仕事は19世紀に得られた偉大な成果の一つといわれている．マクスウェルの方程式は次の四つの原理に基づいている．すなわち，1) クーロンの法則と呼ばれていた同種および異種電荷間の反発と引力に関する逆二乗則，2) 磁場の連続性，および単磁極が存在しないこと，3) 磁場の反転によって電場が誘導されるときのファラディの法則とヘンリーの法則，3) 電線の周りに発生する磁場を説明したアンペアの法則，である．マクスウェルは動く電荷の電場変化による磁場の発生を含めるため，アンペアの法則を拡張した．最終的に彼は，四つの式を新しく定式化し，一般解と特殊解を導いた．

その解の中に，彼は真空を含んだ空間の中を伝わる，現在電磁波と呼ばれる方程式を発見した．さらに，電場と磁場のパラメータを適当に選ぶと，電磁波の速度が当時知られていた光の速度に一致することを見出した．我々の目に見

図1.13
マクスウェル
(James Clerk Maxwell)．
　多くの業績があるが，電磁気現象を統一し一般化した業績が広く知られている（英国科学技術博物館と科学社会映像図書館の好意による）．

える可視光は非常に短い電磁波，すなわちマイクロメーターの波長からなり，加熱などの簡単な方法で発生できることを明らかにした．残念ながら，彼は1879年に49歳の若さでこの世を去り，彼の仕事が華開いた無線時代の出現をその目で見ることができなかった．

ヘルムホルツとヘルツ

　ヘルムホルツ（Hermann von Helmholtz）は19世紀の最も広い知識と鋭い洞察力を持つ科学者の一人であった．若き日，彼は物理と化学に強く引かれたが，貧乏な環境に育ち，その道には進めなかった．当時，医学教育は無料で受けられたので，専門的な仕事ができる医学の道へと進んだ．勉学の出発点は医学であったが，発展する科学の他の分野への興味を捨てることはできず，次第に物理の分野へと入っていった．したがって，彼の研究は学際的で，生理学，化学，および物理学の知識を結び付けたものだった．このため，人間の視覚と聴覚のはたらきを理解するのに非常に役立った．

　彼はマクスウェルの方程式と光の理論が示唆するものを学んでいるうちに，

図 1.14
ヘルムホルツ
(Hermann von Helmholtz)．
　19世紀の偉大な科学者．彼は若い共同研究者であるヘルツ（Heinrich Hertz）に従来の回路部品を使ってマクスウェルの電磁波を発生するように奨めた．また，ローランド（Henry Rowland）に高速で移動する電荷が電磁波を伴うというマクスウェルの仮説の正しさを試させた（ドイツ博物館の好意による）．

手近な電気部品だけで，任意の波長の電磁波を発生できるかも知れないと考えた．自分の実験室の研究者たちに電磁波が発生できたら賞を与えるといったが，誰も実現できないうちに期限が切れてしまった．その一方で，彼は頭脳明晰な学生であり，かつ共同研究者になったヘルツ（Heinlich Hertz）に電磁波の発生実験を課した[8]．ヘルツはこの問題に真剣に取り組み，彼が担当していた他の課題をこなしながら，この問題に彼自身の見方を加えた．彼は研究を始めるにあたって，彼自身の理論的な方法と解釈に合わせてマクスウェルの仕事を組み立て直し，工夫を重ねた後，単純で十分な性能を持つ装置を開発した．そして，1887年までに，波長1メーター程度の電磁波をいつでも発生できるようになった．この装置には輻射アンテナがあり，コンデンサーで蓄電した共鳴双極子に振動電流を流して発生するもので，その引き金には電弧（アーク）を使った．ダイポール系は，磁場を切ったときの変圧器の2次巻線に電圧が発生することを利用して急速に充電させた．ダイポール系に蓄積されたエネルギーの約15%が電磁波となり，残りは回路で消費された．電線に沿った定常波の速度を測定したところ，期待どおりに光の速さに一致した．

さらに，ヘルツは波長がセンチメーター範囲の電磁波を創りだすとともに，

図1.15
ヘルツ（Heinrich Hertz）．
　実験室規模の電磁波の発生問題にマクスウェル方程式を応用した（ドイツ博物館の好意による）．

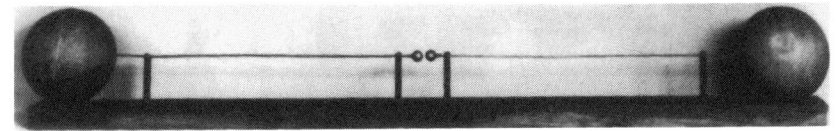

図 1.16 ヘルツのダイポール・アンテナ.
　小さな球の間にある空隙の空気絶縁が破壊されるまで両側に逆の電圧をかける.これによって,電気的振動とこれに関係した電磁放射が起こる(ドイツ博物館の好意による).

　ガラス・プリズムによって光が屈折するのと同様にピッチ(瀝青)でプリズムを作り,電磁波が屈折することを示した.

　ある日,彼の装置のアークから発生する強烈な閃光が,強く帯電した他の系を破壊するきっかけになることに気付いた.この現象を調べていくうち,破壊を起こした系の周りに光が届かないように遮蔽すると,効果のないことがわかった.さらに詳しくこの効果を調べてみると,破壊の引き金になっているのは,アーク光の成分のうち,短波長側の紫外線であった.また,偶然に破壊した系では,金属部品の帯電から発生した短波長成分が関与していることも明らかになった.すなわち,ヘルツは偶然であったが,光電子効果を発見した.この重要な発見は,ヘルツの協力の下でホールバックス(W. Hallwacks)が直ちに確認した.ヘルツは理論と実験の両方の才能を持ちあわせ,かつ,後にフェルミ(Enrico Fermi)が発表したものと類似の観察をした.不幸にも歯の化膿が原因で1894年に37歳の若さで生涯を閉じた.もし,健在で天寿を全うしたならば,間違いなくノーベル賞を受けた物理学者のひとりになったであろう.

　彼は電磁波を発生する方法を考案したが,もし彼が長生きしたとしても,無線電信にそれらの成果を発展させようとリーダーシップを取ることはなかったと思う.もちろん,良い相談役にはなったに違いない.また,プランクの名がつけられた物理定数の中の量子効果の発見およびアインシュタインによって1905年に発表された光電子効果や特殊相対性理論とヘルツの研究との関係に小躍りしたことであろう.

ヘンリー・ローランド

米国の物理学者であるローランド（Henry Rowland）は，機械加工で溝をつけた光学回折格子を作ったことで有名である．彼は新たに創立されたジョン

図 1.17　ローランド（Henry A. Rowland）．
精密な光学回折格子を彫る機械を開発したのが最も知られている業績である．彼は探索や応用などの多くの物理分野で活躍した（1897年に Thomas Eakins によって描かれた油画の肖像．1931.5, Gift of Stephan C. Clark. © Addison Gallery of American Art, Phillips Academy, Andover, Massachusetts. All rights reserved.）．

ズ・ホプキンス大学に勤める前の 1897 年，ベルリンでヘルムホルツと一緒に過ごし，電信に関して技術的に貴重な貢献をした．そこでは，ヘルムホルツの助言の下で仕事をし，荷電している物体が磁場を運びながら高速で運動する場合，電磁気に関するマクスウェル方程式の拡張した関係に従うことを短期間で発見した．彼は，ヘルムホルツの研究所で得た結果への批判に応え，その後，25 年間のうちに 2 回も確認実験を繰り返した．これによって，彼の測定結果に対する疑問は取り払われた．

ノート：1

（ 1 ） W. R. Runyan and K. E. Bean, *Semiconductor Integrated Circuit Processing Technology* (Menlo Park, Calif.: Addison-Wesly, 1990).

（ 2 ） "Great Books of the Western World," *Encyclopedia Brittanica,* vol. 45 (1952). *Il y a 200 Ans Lavoisier* (Paris: Institut de France Press, 1994).

（ 3 ） John Graham Gillam, *The Crucible* (London: Robert Hale, 1954).

（ 4 ） 1888-1903年の金属学におけるシリコンの利用については，下記の方々に感謝する．Robert Cahn of Cambridge University, Charles Wert and James Koehler of the University of Illinois at Urbana-Champaign, Leslie Reynolds of the Grainger Engineering Library of the same institution, and Robert M. Ehrenreich of the National Research Council. フェロシリコンについては，Marion Howe, "The Metallurgy of Steel," *The Engineering Mining Journal* (London and New York, 1904); E. Greiner, J. Marsh, and B. Stoughton, *Alloys of Iron and Silicon* (New York: McGraw-Hill, 1933).

（ 5 ） *Obituary Notices of the Royal Society,* vol. 3, no. 8 (1940), p. 647.

（ 6 ） Woldemar Voigt, *Lehrbuch der Kristalphysik* (Leipzig: B. G. Teubner, 1928).

（ 7 ） Friedrich Kurylo and Charles Susskind, *Ferdinand Braun* (Cambridge, Mass.: MIT Press, 1981).

（ 8 ） *Heinrich Hertz : Memoirs, Letters, Diaries,* 2nd ed., prepared by Mathilde Hertz and Charles Susskind, arranged by Johanna Hertz (San Francisco: San Francisco Press, 1977). John H. Bryant, *Heinrich Hertz : The Beginning of Microwaves* (Piscataway, N. J.: IEEE Center for the History of Electronics, 1988); Charles Susskind, *Heinrich Hertz : A Short Life* (San Francisco: San Francisco Press, 1995).

（ 9 ） *Men of the National Academy of Sciences,* vol. 5 (1912). *The Physical Papers of Henry Augustus Rowland* (Baltimore: Johns Hopkins University Press, 1902).

2 無線電信

マルコーニ

　無線電信時代の幕を開け，最初のステップを踏み出したのはマルコーニ(Guglielmo Marconi)であり，その功績はすばらしいものである[1]．マルコーニはきちんとした工学教育を受けてはいなかったが，若き日にヘルツの電磁波の実験に魅せられ，これを実用化するために，その後の人生を無線工学に捧

図 2.1　マルコーニ(Guglielmo Marconi)．
　マルコーニは，電磁波を発生するヘルツの方法を商業目的に発展させた．彼は専門教育を受けていなかったが，基礎研究の応用という明確な目的を持つ優れた企業家であった．彼によって，国際的な無線電信サービスが実現した（マルコーニ会社文庫の好意による）．

げた．また，彼が持ち合わせた企業家としての才能も成功への手助けになった．1895年の初め，すなわち，彼が21歳のときにイタリアの両親の家とその庭の間にヘルツの装置の複製を置き，電磁波がどのように伝搬して受信されるか，という実験を始めた．ここで，彼は送信-受信の過程を段階的に検討し，実用化に向けての改善を重ねた．

熱心な研究の結果，実用化の可能性が生まれ，最初の成功への道が拓けた．彼の仕事に興味を抱いたのは，従来より優れた通信施設で英国の郵便サービスのネットワークを全土に築こうとしていた企業のリーダーであった．その当時，長距離の通信も有線であった．これを無線に置き換えたり，さらなる長距離化の需要に応ずるために無線化できれば，経済的にも大きな利点があった．このようにして，英国から資金を調達することができ，彼の仕事は強力に支援されるようになった．新しい技術はコード化された通信言語をそのまま使えるし，長距離化のための通信用電線を新たに敷設する必要もなかった．彼は，この目的を達成するために，電信の方法として一連のヘルツ波が発信できる装置を考案した．これによって，標準的モース・コード（モールス信号）を使うことが可能になった．

この仕事で彼は有名になった．イタリア国内の技術者たちは彼がさらに仕事を進めるために必要な技術的な援助を惜しまなくなった．

ブランリー

マルコーニが最初に使った伝搬波を検出する方法は，誘導受信という原理に基づいていた．最初はヘルツが用いたように，研究室規模の小さなアークで発振した．受信された信号は非常に弱かったので，増幅の方法が必要と見られていた．しかし，幸いなことに，フランスの科学発明家であるブランリー（Edouard Branly）が，当時としては非常に役立つという折り紙つきの装置を開発した[2]．彼はこの発明を，ヤスリ屑管（tube de limaille）と名付けた．このデバイスとヘルツの発見の両方を信奉していたロッジ（Oliver Lodge）は，これに「緊密な結合」という意味のコヒーラー（coherer：仏，検波器）という名を与えた．この装置は両端にリード線を取り付けた円筒管の中に金属の細いヤスリ屑を入れ，屑が両端のリード線に適当に接触するようにしたものであ

図 2.2 ブランリー(Edouard Branly).
最初の増幅器・コヒーラーの発明者で,無線通信を進化させた先駆者(パリのブランリー博物館の好意による).

る.このユニットは発振受信回路の一部として直列に入れられた.この回路に入った電流の波は,電流の向きに金属のヤスリ屑を整列させ,これによってコヒーラーの電気伝導度が増大するようになっていた.したがって,信号を増幅する電力供給リレー回路としても働いた.このようにして増幅された信号は,記録紙にコード・メッセージを印刷するのに十分な電力量になった.

ブランリーが発明したコヒーラーの最大の欠点は,次の信号を増幅するために,一度信号が入って整列したヤスリ屑を,元のばらばらの状態に戻さなければならないことだった.そのため,電気機械である呼び鈴の性質などを利用して,管を機械的に揺するプロセスを必要とした.このプロセスを必要としない画期的な方法は,マルコーニと協同研究していたイタリア海軍の研究グループによって開発された[3].この発明は通信隊士官で信号官のカステリ(Paolo Castelli)とソラリ(Lieutenant Luigi Solari)によるもので,カステリがアイディアを持っていたといわれている.この装置は鉄と炭素からなる混合物に1～2滴の水銀を加えたものを二つの円筒の間にサンドイッチしたものである.ここを信号のパルスが通過するとき,水銀の滴が広がって円筒間の電気抵抗が

変化する．うまく作動すると，広がった水銀は自然に元の状態に戻るので，コヒーラーのような機械的な仕掛けで元に戻す必要はなかった．しかしながら，ブランリーのコヒーラーに比較すると感度がかなり低かった．1901年に大西洋横断の無線電信実験に成功したマルコーニは，大西洋を渡って送られた"S"の文字を受信し，歴史的な栄誉に輝いた．

イタリア海軍の研究チームは非常に優秀で，電話器に使われるイヤホーンの原型も最初に試作したと伝えられている．つまり，信号波（パルス）を音として聴こえるようにする補助回路を考案した．

整流作用

幸いにも，全く新しい受信形態が新たに考案された．これは，入ってきたパルスによって誘導された電流を整流するものである．20世紀になると，誘導された磁場で機械的な振動を起こして音を発生する便利なイヤホーンも，電波

図2.3　フェセンデン(R. A. Fessenden)．
20世紀初頭の研究者であるフェセンデン（腰掛けている）と彼のスタッフ．彼は無線通信の発展に必要な整流器を開発した研究者のひとりで，電解液の中に金属線を漬ける方法を発明した．また，無線信号の音声受信強度を高めるためのヘテロダイン法を提案した（スミソニアン博物館の好意による）．

の周波数が非常に高くなると機械的な動きが電波に追随できないために，それほど役に立たないことが明らかになった．その結果，受信した信号によって発生した交流を直流に変換する方法が探索され始めた．つまり，パルスに時間的な持続特性を持たせることによって，電気機械的な装置のような慣性の大きなものにも適合させることだった．整流作用を持つ装置の開発に最初に成功したのは，フェセンデン（R. A. Fessenden）である．彼は優れた個人発明家で，金属線を電解液に漬ける方法で整流作用を作り出した[4]．

図 2.4
ボース（J. C. Bose）．
　インドの発明家で，結晶整流器を実用段階で無線電信に採用した．1901年に方鉛鉱（硫化鉛，PbS）の特許を取得した．

　一方，まったく新しい道がインドの科学者ボース（J. C. Bose）によって拓かれた．彼は，カルカッタの実験室でコヒーラーや関連する装置の研究をしていた[5]．1901年に米国特許として申請したのは，方鉛鉱（PbS）を用いた結晶の整流器で，1904年に特許権が成立した．結晶の整流作用は1874年にブラウンが発見したものだが，ボースの実用的な研究をきっかけにして，方鉛鉱より優れた整流特性を持つ結晶の探索が始まった．その結果，コヒーラーはまもなく使われなくなった．そして，受信した信号をイヤホーンで直接聴く方式が便利であるため，この方式が主流になった．

ブラウンによる発振器の発明

マルコーニは1897年までに英国全土で実施した無線実験により注目すべき成果を挙げた．しかし，彼の開発したシステムでは15キロメーターまでの通信が限界であった．彼は壁に突き当たり，彼のスポンサーの心にも限界突破への不安が芽生えた．一方，1874年，結晶の整流作用を発見したブラウン(Ferdinand Braun)はストラスブルグ大学の物理研究所長に就任した[6]．彼の発明の中で最も注目されるのは，ブラウン管として知られている電子オシロスコープを1897年に発明したことである．その彼が電磁波の発生と受信に興味を持っていたのは当然のことであった．しかし，彼が無線用の増幅発振回路を開発する手段を探した頃は，まだ，時期尚早であった．

ブラウンは比較的早くにコヒーラーの限界を見抜き，これを結晶整流器に置き換えようと試みたが，残念なことに良いものを造ることができなかった．そ

図2.5
ブラウン(Ferdinand Braun)．
　マルコーニとともに1909年のノーベル賞を授与された．彼は1874年に結晶の整流現象を発見し，さらに，オシログラフ(陰極線管，現在はブラウン管と呼ばれている)を発明した．ノーベル賞の対象は，無線通信における送受信の最適化である(チュビンゲン大学図書館，H. MetznerおよびF. Seitzの好意による)．

うこうするうちに周囲の状況が変化し，イヤホーンを使い始めたときには，改良されたダイナミック信号処理で問題は解決されていた．ボースと異なり，ブラウンは結晶整流器の特許を取る気はなかったらしい．一方のボースは結晶整流器の利点を世に明らかにするとともに，多くの専門家の注意を引き付けた点で評価される．

　出来事の多かった1897年，マルコーニ会社の専売特許を出し抜く無線計画の開発に協力しないか，とドイツの企業家グループがブラウンに持ちかけた．それに応えて，電磁波が水面や土の中を伝わるので，これを利用しようと提案し，運河での実験を始めた．この実験の過程で，ブラウンはマルコーニが英国の実験で明らかにした伝送限界の範囲について疑問を持った．というのは，ブラウンの予測や実験結果とは違ったものであったからだ．ある日のこと，ブラウンは，たまたまマルコーニが実験中の最新装置の写真の一枚を見て，伝搬に限界が生ずる原因を発見した．マルコーニに比べてブラウンが高度な物理知識を持っていたことが発見につながった．マルコーニはアンテナとアースを繋ぐ線に振動数の高い電波を出す発振回路を直接入れていた．その結果，伝搬に使われるはずのエネルギーの大部分がこの回路の中で消失していた．ブラウンは1898年に発振回路が孤立するような方式を考えて最初の実験を試み，アンテナが働くときだけ繋がるようにした新しい概念の特許を申請した．この基本的な考え方は，その後の無線における送・受信の要となる技術になった．

　普通に考えれば，この発明に関する特許はブラウンとその研究グループのものになるはずであった．しかし，運命のいたずらなのか，そうはならなかった．というのは，ちょうどその頃，交流発電器や誘導モーターなどの発明者で有名なテスラ（Nikola Tesla）に対して，米国の企業グループが資金援助をしていた．そして，テスラが申請した長距離伝送に関する特許を拡大解釈して，ブラウンらの発明が含まれると主張した[7]．このため，ブラウンらの特許の内容は世界に広まり，特許としての価値が失われるはめになった．ブラウンの特許の代理人である弁護士は2年間も無駄な時間を費やされた．その間に，ブラウンの発明は英国海峡を横断して送信したマルコーニ会社を含む全ての企業グループによって，ライセンスの取り決めなしに使われてしまった．

　2年後，無線電信は大西洋を横断し，技術および工業に関する国際社会からも注目されるようになった．そして，アンテナを含む装置の能力は出力増大と

図 2.6
テスラ(Nikola Tesla)．
　多くの発明をしたが，交流-直流変換の実用的な方法，誘導電動機，誘導コイルなどが主なものである（マーク・ローゼンバーグとスミソニアン博物館の好意による）．

送信範囲を拡大し，これとともに使用周波数は低下していった．マルコーニは多分周波数が低くなっているのを知らずに，実際には数10キロメーター（30キロヘルツ）の波長を大西洋横断放送に使ったと思われる．

　ブラウンが活躍していた頃のドイツでは，この分野に3社が参入して競争し，それぞれの思惑で動いていた．このため，ドイツ政府と工業界は内部で混乱した状況にあった．つまり，国際社会の中で無線技術の戦略的位置付けをどのようにするかに頭を悩ました．1899年，国策でこれら3社は合併し，テレフンケン社（Telefunken Company）になった．ここで働いていたブラウンは無線電信という意味で日常語として使われていたFunk（アークを意味するドイツ語）を社名の中に入れたことが嫌だった．それは，Funkが回路の高速スイッチとして最初に使われていたためと，無線波の源ではないという理由からだった．彼は，いずれもっと良い振動回路が開発されれば，この言葉は適当な言葉に置き換えられると考えていた．しかしながら，この言葉はそのままドイツ語の中に深く根づき，第二次世界大戦中のドイツ軍通信隊の兵士もフンカー（Funkers）と呼ばれた．現在でも，テレビジョン放送ネットワークの名称として，ドイツ・ルントフンク（Deutsche Rundfunk：ドイツ全国放送）が使われている．

テレフンケン社の中で,ブラウンは電磁気理論の基礎,特に無線については誰よりも深い知識を持っていたが,彼の考えや発明は商業的には成り立たないと経営陣からは軽んじられていた.たとえば,彼は最初の発振回路にいくつかのコンデンサーを搭載することによって伝送出力を増大する方法を開発した.しかしながら,会社はそれを採用しなかった.さらに,コヒーラーの代わりに結晶整流器を使おうと提案したが,その研究への協力も得られなかった.しかしながら,彼はマルコーニの長距離伝送システムがヘルツが実験室で用いた波長よりずっと長かったことに気付いた最初の研究者であった.

ブラウンはドイツの法曹界,経済界,政界などの失策によって,彼の特許によって生ずる権利として当然得られるべき報酬を得ることができなかった.幸いなことに,これは1909年のノーベル賞委員会の働きによって,僅かではあるが報われた.委員会は,彼の発明がマルコーニの発明と同様に重要なものと評価し,その年の物理部門のノーベル賞を二人に与えた.ベルリンでは,お偉方が国として受賞祝を計画したが,彼を支援しなかったドイツへのわだかまりから,彼は辞退した.

これほどの業績を挙げたブラウンだったが,その生涯は幸せなものではなかった.彼は仕事と法律的な係争のため,1914年の暮れにノルウェーを経由して米国に渡った.ところが,第一次世界大戦のために船便が止まり,家族や仕事仲間とも連絡が取れないまま,米国に留まることになった.さらに不幸なことに彼は敵国人として扱われ,戦争の終わる7ヵ月前の1918年4月20日にニューヨークの貧民街ブルックリンで生涯を閉じた.悲しいことに,彼の妻はその前年にドイツで神のもとへ旅立った.

ポポフ

上述のマルコーニやブラウンが活躍していたのと同じ頃,ロシアの物理学者であり技術者でもあったポポフ(Alexander Popov)もロシアで同様な研究を進め,いくつかの成果を収めた[9].彼は1895年という早い時期に比較的性能のよい送信機と受信機を開発し,間もなくフランスおよびドイツの企業と提携することができた.このうち,ドイツでは現在のジーメンス社とともにベンチャー会社を起こした.ここでは,約100キロメーター離れた場所での実用試

図 2.7
ポポフ(Alexander Popov).
　ロシアの科学者で発明家でもあった．マルコーニやブラウンと同時代に無線電信を研究し，成果を挙げた（Z. Alferov の好意による）．

験をし，事業に乗りだした．しかし，マルコーニおよびブラウンらはポポフよりもさらに広い範囲に送受信できる装置を開発した．また，企業家的才能に優れたマルコーニは彼の特許を武器に英国で成功を収め，国際的にも彼の技術が認められたため，ポポフの出番はなくなった[10]．

　ポポフの業績はもう一つある．それは地球を取り巻く大気圏で自然発生する電磁放射現象の科学的研究を最初に取り上げたことである．これらは稲妻やオーロラによって発生する自然信号で，信号の発生，伝送，受信という面で無線電信と密接な関係があった．その彼も突然の病のため，46歳でこの世を去った．

ケネリ-ヘビサイド層

　マルコーニとそのグループは無線電信の研究を発展させ，注目すべき発見をした．それは，十分に長い波長の電波は地球が丸くても影響を受けないという現象である．つまり，発振局と受信局を結んだ直線が丸い地球に遮られても，

電波の波長が長ければ到達できる．これは，地球を取り囲んでいる上空の電離層が鏡のような働きをして電波が反射され，遠方まで到達できるためである．到達できる電波の波長は，昼なら15メーター以上，夜は20メーター以上である．この波長を利用すれば，非常に長距離，たとえば大西洋を横断することもできる．この研究は電離層自体の研究を促し，しばしば，電離層を発見（1902年）した2人の研究者の名を冠して，ケネリ-ヘビサイド（Kennelly-Heaviside）層と呼ばれている．1920から1930年代に行われた電離層研究用に開発された機器は，その後のレーダーに関する研究の礎となった．

無線電信の効率

　無線電信の初期はアークをトリガー（引き金）にして発信するものであったが，非常に効率が低かった．それでも，第一次世界大戦に使われた．装置から発生した周波数のほとんどは，感度の高いイヤホーンを使っても人に聴こえる周波数ではなく，しかも，電波を一つの向きにして効率を高める電波の指向性技術もなかった．

　このように無線電信の効率が低いため，米国海軍はポールソン・アークと呼ばれる非常に強力なものを使い，第一次世界大戦中の大西洋横断通信に使用した[11]．これはポールソン（Dane Vladimir Poulson）が発明したので，この名がある．このアーク装置は閉じ込めた気体に磁場をかけてアークを発生するもので，連続的で比較的均一なパルス（心電図に現れるような脈状の電波）性の電磁波を発生することができた．パルス列の信号の高さをつないだ包絡線（エンベロープ）も矩形に近いものであった．また，パルスの反復速度は周波数の可聴域にあった．

　人の耳が感ずる音の周波数域（可聴周波数）には制限があるが，これを解決する可能な方法が1902年にフェセンデン（R. A. Fessenden）によって提案されていた．すなわち，現在ヘテロダイン原理として知られているものである．彼は，伝送された信号の中の最も顕著な周波数は，可聴増分によって受信された主周波数とは異なる周波数の固定された局部信号によって，非線形素子を介して結ばれるであろう，と示唆した．これをヘテロダイン原理といい，このようなミキシングに起因する可聴なうなり周波数はイヤホーンで聞くことができ

る．しかしながら，ヘテロダイン原理が実用化されたのは，単帯域伝送や安定した局部発振器とともに信頼性の高い真空管が製造されてからで，フェセンデンが提案してから四半世紀経った第一次世界大戦後であった．

アークから伝送された可聴成分の信号を強める方法には，可聴周波数を変調し，その成分を増幅するために，アーク回路の中に切欠きを入れた回転子を採用する方法もあった．同様な効果はアーク専用に設計された電極を回転する方法でも得られた．

方向性の発見

無線への関心が強くなるにつれて，発振された信号を受信して三角法を適用すると，発振源の位置が特定されることも明らかになった．事実，ベリニ（E. Bellini）とトジ（A. Tosi）が1906年にその方法を実演し，成功した．この方法は第一次世界大戦中の1916年，ユトランドの海戦として知られている戦いで，北海の基地から出航したドイツのフリゲート艦の位置を探るのに用いられた．

フレミング管

1904年，フレミング（John A. Fleming）は非常に遠距離の無線が可能な新しい素子を開発した．それは，フレミング管と呼ばれる整流作用を持つ2極真空管である[12]．この装置は1883年のエジソン（Thomas A. Edison）の実験を基礎にしている．エジソンは加熱された線条（フィラメント）が負の電荷（電子）を放射し，これが極板（プレート）と呼ばれる第2の電極に集められることを見つけた．プレートはフィラメントに加熱用電力を供給する電池の陽極に取り付けられている．フィラメントの電圧降下はプレートの負電圧で与えれば足りる．この系は熱電子放射を支配する法則を解き明かすために，何人かの研究者によって検討された．たとえば，エルスター（J. Elster）とガイテル（H. Geitel）は放射された電子のエネルギー分布を研究するために，フィラメントとプレートの間に電圧を変えられる電極を挿入した．また，ウェネルト（A. Wehnelt）は白金あるいはタングステンの上に酸化バリウムを塗布する

図2.8
フレミング(John A. Fleming).

エジソンが発明した真空管を利用して、加熱したフィラメントの隣にもう一つ電極を置いた真空管で整流作用を見つけた。これで無線信号の整流に成功した。これはフレミング管と呼ばれている（ロンドン王立協会の好意による）.

と，著しく放射量が増えることを発見した．

フレミングはこの装置を用い，フィラメントとプレートの間に交流を入れれば，増幅された直流が生ずることを示した．つまり，整流作用がある．したがって，アンテナで受けた交流を増幅された直流に変換できるので，磁気式イヤホーンの音量を大きくするのに役立つ．このような現象が起こる理由は明らかでなかったが，フレミングは1904年に特許を申請した．ただし，真空管の構造はエジソンが開発したものと同じで，エルスターおよびガイテルによって検討された第3電極には触れていない．このようにフレミングの特許が限定されていたため，1905年には，ド・フォレスト（Lee De Forest）がフレミングとは独立にもっと幅の広い特許を申請した．このため，フレミングとの特許紛争が生じた．

真空管による整流が優れていたので，すぐに，マルコーニとフレミングは真空管の実用化を進めた．ただし，外部から電力を投入して増幅するには，3極管が必要であり，これはフレミングの発明で得られたものではなかった．

図 2.9 エジソン(Thomas A. Edison).
　数多くの発明をしたアメリカの大発明家で，電球中の熱したフィラメントから負の電荷が発生するのを発見し，これが電子であることを証明した．これは，エジソン効果として知られている．ここに掲げた写真は，1878 年にアメリカの科学アカデミーでフォノグラフ(蓄音機)の実験機を発表したときのものである(米内務省，国立公園サービス，エジソン歴史館の好意による)．

結晶整流器の進歩

　真空技術がまだ幼稚な段階で残留ガスが多かったため，フレミングが開発した整流管の最初のものは不完全で，かつ，高価であった．真空管の信頼性が向上したのは拡散ポンプの開発およびゲッターと呼ばれる材料の純度が高くなってからであり，これらによって真空管の中の残留ガスは減り，その量が制御されるようになった．真空管の残留ガスの量を制御するためのゲッター材料の探索はエジソンが電球を開発して以来化学の重要な研究になり，研究は長い間続いた．
　一方，ブラウンが見出した半導体結晶の整流作用を利用したボースの提案も

有力な方法と見なされ，まもなく，あちこちで研究されるようになった．そして，多くの産地から入手した種々の結晶の整流特性が調べられた．この半導体研究の時代は次第に拡大していったが，まるで，未知の世界から未知の世界を見るようなものであった．半導体の語源は，1920年代にドイツの無線技術者達が使っていた"Halbleiter"である．"Halb"はドイツ語で半分あるいは不完全という意味で，Leiterは導体という意味である．英語の"Semiconductor"のSemiも半分あるいは幾分という意味であり，conductorが導体である．今は定着した名だが，初めはおかしな名と思われていた．ブラウンは半導体結晶と針の接触で整流作用が生じることを示したが，その後の研究で結晶内部の電気伝導度も金属の銅などに比較して低いことが明らかになった．また，金属とは異なり，温度が高くなると抵抗が減少することもわかった．このように，金属とは異なる物理的挙動を示す半導体は物理学者にたくさんの研究課題を提供した．

結晶整流器開発の初期には，半導体に非常に細い金属線を接触させるのが最も良い方法とされた．この細い金属線はその形状から「猫のひげ」と呼ばれた．もう一方の電極は広い面積で導通を取った．そのころに使われた半導体は方鉛鉱（PbS）などのように，天然の鉱物であった．また，シリコン，炭化けい素，黒鉛などは人工的に作られていたが，他の目的で製造されたものであり，まだ不純物が多かった．このため，これらの材料で作られた整流器の特性は良好ではなかった．材料を供給する側も，また無線技師の方も，お気に入りの試料を持っていた．無線技師は猫のひげが最も都合よく接触する"ホットスポット"を探して調整するのが常であった．こんな半導体の気ままさが初期の結晶整流器の開発を苦しませ，第一次大戦後の真空管の発展につながっていった．しかし，結晶整流器は必ずものになると信じて進んだ者もいた．

シリコン技術の向上

半導体を試行錯誤しながら使っていた時代は，まもなく過去となる進歩があった．それは，精錬された金属シリコンを使うと比較的よい結果が得られるようになったためである．当時，けい素鋼に使うためのシリコンの研究が進み，シリコンの電気的な性質に影響をおよぼす不純物を1%以下に制御することが

できた．シリコンを整流器に利用する特許は1906年にピッカード（G. W. Pickard）によって申請され，シリコンが大発展する第一歩となった[13]．一年後には，ダンウッディ（H. C. C. Dunwoody）が炭化けい素（SiC）で同様な特許を申請した．炭化けい素は研磨剤などとして今でも利用されている材料である[14]．

ピッカードは1877年に生まれ，ハーバード大学とマサチューセッツ工科大学で学んだ．彼は19世紀から20世紀の変わり目のとき，無線電信に強い興味を抱いてアメリカ電信電話会社に就職し，そこで1902年から1906年まで働いた．この間，受信器の整流器として半導体を利用することに真剣に取り組み，金属-半導体について，約3万にのぼる組み合わせを検討した．商業用のシリコンで最も良質のものは，当時ウェスティングハウス社が製造していたが，彼はこれを使った2極整流器の特許を申請した．1907年にアメリカ電信電話会社を退職し，共同研究者2人とともに彼の特許を使った信号検出器を作る会社を設立した．

ピッカードが開発したシリコン整流器を含め，結晶整流器はコード化された

図 2.10
ピッカード（G. W. Pickard）．
　1905年にシリコンの整流器を開発した．金属シリコン級の純度であったが，シリコンが発展する歴史的な仕事であった（ニュージャージー州立大学電気技術博物館の好意による）．

図 2.11 結晶整流器.
　無線電信に使われたもので，ボース，ピッカード，ダンウッディらが開発した直後の製品である．右がピッカードの会社によって生産されたシリコン整流器（マーク・ローゼンバーグとスミソニアン博物館の好意による）．

無線電信の発達を追いかけるように進歩し，第一次世界大戦が終了するまで大きな役割を果たした．図 2.12 は第一次世界大戦終了直後に米国陸軍の通信隊から出版された，結晶整流器に関する内容を載せたパンフレットである．種々の整流器が載っているが，その中で鋼製の猫のひげとシリコンの組み合わせは，パンフレットの中で主要な位置を占めている．このことは，シリコンの評価が高かったことを示している．ただし，一方で真空管の発達も著しく，この分野における真空管の重要性も指摘されている．
　猫のひげを使った結晶整流器は，第一次世界大戦後の真空管の発達によって，無線電信における役割に終わりを告げた．ただし，結晶整流器が完全に消え去ったわけではなく，セレニウムや亜酸化銅を使った整流器には，電力分野で交流を直流に変換する機器としての応用が拓けた．亜酸化銅整流器などは安価で，耐久性もよく，使用にあたっては作動させるための電力も必要なかった．また，炭化けい素の円盤を積み重ねた装置は電力装置の放電をアースし，装置を復旧する保安装置に利用された．炭化けい素の場合，電気伝導度は比較的低いが，高圧が印加されると一挙に電子の移動が起こる"なだれ破壊現象"のため導体になり，放電電流をアースできる．しかし，放電が終わり，放電電流がなくなると元の伝導度に戻るので，電力系も復旧する．

図 2.12
米国陸軍通信隊のパンフレット．
　第一次世界大戦直後の 1918 年に出版された．シリコン整流器の利点を述べているが，真空管時代の到来も述べている（キルビーの好意による）．

商業放送

　米国の最初の商業放送局は KDKA で，1920 年，ウェスティングハウス社によってピッツバーグで放送を開始した．これを追うように，いくつかの放送局が設立された．この頃の貧乏な若者達は猫のひげを使った整流器でラジオ（鉱石ラジオ）を自分で組み立てた．整流器用の半導体は方鉛鉱が大部分で，シリコンも少量使われた．これらの組み立てラジオでは，アンテナで受信した信号を直接取り入れていたので感度が低く，出力が小さな放送局からの受信範囲は狭かった．その頃，ラジオ店が新たに開かれ，愛好家達が集まった．店では 3 極真空管を店頭に並べていたが，1 本 5 ドルもしていたので，クリスマスの贈り物としても，まだ高いものだった．
　ラジオの愛好家だけでなく，専門家にとっても，化学の進歩が生み出したベ

ークライト板はありがたいものだった．ベークライトは黒色で艶がある合成樹脂で，1909年にベークランド（L. H. Baekeland）が発明した．ホルムアルデヒドとフェノールを結合させた高分子材料で，電気的には絶縁体である．ベークライトは安かったので，整流器などの部品を据え付ける台，つまみ，その他に重宝された．

ノート：2

（1） W. P. Jolly, *Marconi* (New York : Stein and Day, 1972)；Orin E. Dunlap, *Marconi : The Man and His Wireless* (New York : Arno Press, 1991). *Marconi : Whisper in the Air* (Archer Films Limited, 1994；marketed by New Video Group, New York. これはビデオドキュメンタリー). W. J. Baker, *A. History of the Marconi Company* (London : Methuen, 1974)；Probir K. B. Bondyopadhyay, "Guglielmo Marconi, the Father of Long Distance Radio Communication : An Engineer's Tribute," *Conference Proceedings, Twenty-fifth European Microwave Conference*, vol. 2 (1995), p. 879.

（2） Philipe Monod-Broca, *Branly* (Paris : Belin Press, 1990).

（3） Augusto Righi and Bernardo Dessau, *La Telegrafia senza filo* (Bologna : Ditta Nicola Zanichelli, 1908), esp. pp. 367-68；Luigi Solari, *Storia della radio* (Milan : S. A. Fratelli Treves Editori, 1939), esp. pp. 28 ff., 214 ff. *Il Contributo dato dalla R. Marina allo sviluppo della radiografia* (Rome : Ministry of the Navy, 1927). G. C. Corazza, "Marconi and the Invention of Wireless Communications," *Rendiconti Accademia Nazionale dei XL* 19 (1995) : 77.

（4） Bondyopadhyay, "Guglielmo Marconi."

（5） J. C. Bose, U. S. Patent No. 755,840,1904. 出願日は 1901 年 9 月 30 日.

（6） Friedrich Kurylo and Charles Susskind, *Ferdinand Braun* (Cambridge, Mass. : MIT Press, 1981).

（7） Marc. J. Seifer, *Wizard : The Life and Times of Nikola Tesla* (New York : Birch Lane Press, 1996)；Margaret Cheney, *Tesla, Man Out of Time* (Englewood Cliffs, N. J. : Prentice-Hall, 1981). John J. O'Neill, *Prodigal Geniun* (New York : Ives, Washburn, 1944).

（8） 真空中の電磁放射には $\lambda\nu=c$ の関係があり, λ は波長, ν は周波数, c は光の速度である.

（9） Charles Susskind, *Popov and the Beginnings of Radiotelegraphy* (San Francisco : San Francisco Press, 1962). N. Riehl and F. Seitz, *Stalin's Captive : Nikolaus Riehl and the Soviet Race for the Bomb* (Washington, D. C. : American Chemical Society and the Chemical Heritage Foundation, 1996).

（10） Jean Cazenobe, "Marconi a-t-il inventé la radio?", *La Recherche* 26 (1995) : 508.

（11） A. Williams, *How It Works*, 11th ed. (London : Thomas Nelson, 1922).

（12） Fleming, *Memories of A Scientific Life* (London : Marshall, Morgan and Scott, 1934). W. H. Eccles, *Obituary Notices of the Royal Society*, vol. 5, no. 4

(1945), p. 231.

(13)　G. W. Pickard, Means of Receiving Intelligence Communicated by Electric Waves U. S. Patent No. 836, 531, 1906. James E. Brittain, "Greenleaf W. Pickard and the Eclipse Network," *Proceedings of the IEEE* 83 (1995) : 1434.

(14)　シリコンカーバイドの現状については, *Silicon Carbide Electronic Materials and Devices* 22, no. 3 (1987). *Physica status solidi (a)*, Applied Research 1, no. 1 (July 1997).

3 真空管時代

　ド・フォレスト（Lee De Forest）が1906年に興味を抱いたのは，2極真空管中のフィラメントから陽極へ向かう電子の流れを変えたり制御することであった[1]．これを試みるために，独立して電圧を変えられる第3の電極を2極真空管の中に入れ，1906年，電流の制御に成功した．彼はこの管の特許を取り，オーディオン（audion, audio：可聴周波の）と名付けた．これは将来の電子管に自分の名前が付けられることを望んでいたフレミング（John Fleming）を嘆かせた．ド・フォレストは電子が通過できる二次元的な金属線の網に「グリッド」（格子）という名を与え，一年後に二番目の特許を取った．

図 3.1
ド・フォレスト（Lee De Forest）．
　オーディオンと命名した3極真空管を発明した．ただし，真空技術の改善とAT＆TおよびGEによる真空管の理論的解明がなされる10年後まで，実際にはほとんど使われなかった（ラトガーズ大学，電気学会歴史センターの好意による）．

彼が名付けた3極管の名の由来は，この真空管が音を増幅したり再生するための究極的な能力を持つという着想からであった．彼が後に主張したように，初歩的な増幅器と発振器を開発したといってよいだろう．しかし，彼は大きな会社で研究設備を作ったり，マルコーニのような企業的才能を発揮できなかった．彼は発明を自由に使わせた．最初，このデバイスはやや風変わりでほとんど評価されず，2極管として利用する以外，実用にはほとんどならなかった．さらに，最初の3極管はフレミング管と同じ理由で誤作動が多かった，その理由は動作を複雑にする残留ガスを多く含んでいたためである．残念ながら，二十世紀初頭の真空技術は非常に幼稚であった[2]．

このような3極管を発振や帰還回路の基礎的な部品として真剣に実用を考えたのはオーストリアの技師マイスナー（Alexander Meissner）で，1910年に振動などの回路の実演をしてみせた．これによって，無線電信のアークをトリガーにした発振回路の代わりに真空管を使用することが始まった．厳密な言い方ではないが，このような利用がラジオの開発につながる先駆けとなった．ただし，装置は実用レベルに達していなかったので，1910年においては将来を見通すための基礎を提供できなかった．

アメリカ電信電話会社（AT＆T）は1912年，米国内の電話系統を拡張するための技術を探す研究の一部として，ド・フォレストからオーディオンの権利を買った．AT＆Tはこの仕事をヴェイル（Theodore Vail）をリーダーとするグループに委ね，1915年に改良した3極管の利用に成功した[3]．一方，ゼネラルエレクトリック社（General Electric Company）は物理化学者で真空技術の開拓者であるラングミュア（Irving Langmuir）の助力により信頼性の高い3極管を開発した．

アームストロング

1912年，無線技術に魅せられた22歳のアメリカの無線愛好家アームストロング（E. M. Armstrong）も正帰還増幅器の実用化の可能性を見出した[4]．そして，改良された真空管でかなり安定した再生振動回路を開発し，これによって，ヘルツの仕事以来初めて狭帯域で信頼のおける発振源を作った．段階的ではあったが，トリガーアークは最終的にブラウン（Ferdinand Braun）の期待

図 3.2
アームストロング(E. M. Armstrong)．
　頭脳明晰な発明家．彼は3極真空管を音声増幅に使う方法をド・フォレストとは独立に発見し，少なくとも米国においては，現代のラジオ放送に門戸を開いた．また，彼は再生回路と増幅のスーパーヘテロダイン原理，ラジオ信号の周波数変調伝送を発明した(スミソニアン博物館の好意による)．

通りに3極管に置き換えられた．アームストロングは新しい技術を推進させるため，財政的支援者を探す運動を展開した．

　その当時，10年前のフェセンデンの提案に従って固定周波発振器とこれに合う混合器を採用することによって，受信端にヘテロダイン原理を使うことができるようになった．さらに，音声通信の無線伝達に使える要素技術も手に入るようになった．すなわち，かなり精度の高い指向性伝送ができるアンテナが開発された．米国全土での商業的利用は第一次世界大戦の終わりまで待たなければならなかったが，この時に現代ラジオ放送の時代が夜明けを迎えたといえよう．不幸にもアームストロングとド・フォレストは再生回路の発明に関する優先権の問題で長い無意味な争いをすることになった．ド・フォレストはあるところで妥協しようとしたが，アームストロングは争うと言い張った．法廷では負けてしまったが，最終的に技術社会はアームストロングの優先権を支持した．

スーパーヘテロダイン回路

　独立したグループが同じ目的を目指しているとき，デバイス・回路・装置などがいくつかの企業や国で同時に発明されることがある．これもその一例で，1918年，米国のアームストロングとドイツのショットキー（Walter Schottky）はスーパーヘテロダイン回路の特許を同時期に申請した[5]．これは受信したラジオ信号を最終的に聴こえる音に変換する前に，聞き取れない高周波で信号の増幅をする技術であった．この考え方の進歩によって無線受信機は非常に小型化した．発信周波数の安定化は何10年も前のキュリー兄弟による圧電効果の発見に基づく水晶発信器の開発によって大いに助けられた．温度依存性が最小となる結晶軸に沿って切り出した結晶片は実用的な周波数安定器として都合がよかった．

図3.3
ショットキー（Walter Schottky）．
　スーパーヘテロダイン原理をアームストロングとは独立に発見し，後に結晶整流の基本理論の一つを発展させた（ドイツ博物館の好意による）．

発信周波数の拡張：マイクロ波

　1920年代終わりまでに米国の中流家庭のほとんどは民生用に生産されたラジオを持つようになった．それは財産を示すものとして，また，娯楽を楽しむという時代的流行であり，1.5メガヘルツ（MHz）までの高い周波数が使われていた．アマチュア無線はこの10年ほど前の第一次世界大戦後から流行になっていた．民間放送とぶつかるのを防ぐため，アマチュアは初め1.3メガヘルツ付近，その後はそれ以上の高い周波数領域を使った．とりわけ，熱狂的なアマチュアは遠距離用に一層高い領域の送受信の可能性を示すことに成功した．アマチュア組織であるアメリカ無線クラブは1921年12月11日に1.35 MHzを使って最初の「公式」な大西洋横断通信に成功した．この研究は100メガヘルツ領域の実用化へと民生用の研究・開発を促した．これらの新しい発見の結果，マルコーニ社は長距離伝送のために一層短い波長，すなわち，一層高い周波数の実用化に移った．

　バルクハウゼン（H. Barkhausen）とドイツのクルツ（K. Kurtz）は1920年頃，多少不安定ではあったものの1メーター，すなわち，100メガヘルツ領域で発信する真空管を実験していた．この周波数領域の電磁放射がその後マイクロ波と呼ばれるようになった．真空管は正に帯電した網状の格子（グリッド）を持ち，電子が集団的に揺れ動いて，電波を発生した．グリッドに対して負に帯電した陽極は陰極と陽極の間のほぼ中央に置かれたグリッド近傍に電気的なポテンシャルの谷を作る．バルクハウゼンとクルツが使った管の中にできた振動は偶然発見された．すなわち，真空管の中の残留ガス量の測定をするために，陽極に負の電圧をかけて陽イオンを集めていたときに起こった現象に気付いた．

マグネトロン

　もう一つの重要な装置であるマグネトロンはスイスの物理学者グライナッハー（H. Greinacher）により，電子の電荷と質量の比を決める方法として，1912年に提案された．1921年，ゼネラルエレクトリック社のハル（Albert

図 3.4
ハル(Albert W. Hull)．
1921 年，当時グライナッハー(H. Greinach)の実験装置と呼ばれたものを改良し，電荷と質量の比を決めるためのマグネトロンを完成した(米国科学アカデミーの好意による)．

W. Hull) が精密な装置を作った[7]．しかし，マグネトロンがマイクロ波源として使えることを発見したのはハーバン(E. Habann)であった．彼は半円筒を合わせた陽極を使った[8]．さらに，彼らは管が振動したときの周波数を制御するため，相互に結線した多分割陽極を開発した．この装置はレーダーに使用するための非常に強力なマイクロ波放射源開発の手本にもなった[9]．また，ホールマン(H. E. Hollmann)によってなされたマイクロ波領域での様々な実験でも都合のよいマイクロ波源の一つであった[10]．

周波数変調

アームストロングは真空管技術の利点を生かすために有望な新分野探し，1920 年代に可能になった真空管製造技術と高い発振周波数の利用，すなわち，1933 年に特許を取った周波数変調(frequency modulation：FM)による送・受信の商業化を模索した．この周波数変調技術は雷やオーロラまたは電気機器などの電磁障害から起こる雑音を除くことができるので，いわゆる"静かな"受信が可能だった．この装置では，主搬送波から受けた信号の周波数のずれが

最終のラジオ回路からの音声信号の大きさを決める．したがって，外部からの静止周波数の影響は音声出力の周波数としては現れない．ホールマンは同様な装置の実用版を開発したが，放送免許を取らなかった．この技術は戦後までヨーロッパで眠っていた．

この時代の商業放送は搬送信号の直接的な振幅変調（AM：amplitude modulation）を採用しており，この範囲の静止周波数からの影響を減らすために，音声スペクトルの障害となる高音端を消すようにしていた．その結果として，コロラチュラ・ソプラノやピッコロの再生音は十分なものではなかった．

とにかく，米国内のすでに確立された放送会社では，テレビジョンの開発と商業化を進めていたので，金がかかると感じていたFMラジオ局の開設には強い反対をしていた．このため，アームストロングは42から50メガヘルツの範囲で作動する新しい技術の可能性を実証するため，ニューヨーク市に彼自身のFM放送局を建設した．しかし，この時代，受信器は広く行き渡っていなかったことと，高価であったため，商業的にはある程度しか成功しなかった．結局，彼はさまざまな個人的問題によってもたらされた失意の状態の中で生涯を閉じた．

音声受信の雑音除去などに適したFMラジオは，現在，88から109メガヘルツの範囲を使っている．民生用テレビジョンが第二次世界大戦後に認可されたとき，米国の連邦通信事業委員会（FCC）が，送られた伝送信号の音声の成分に周波数変調を採用するように主張した．これは上記の事柄との関連で注目されるものである[11]．

1930年代のテレビジョン

実験用および商用テレビジョンの開発は米国よりも早く，1930年代にヨーロッパで進められていた．ツボリキン（Vladimir Zworykin）の指導の下で米国ラジオコーポレーション（RCA）が進めていた計画に対して，連邦通信事業委員会は商用化はまだ早すぎると考えた．その理由は受信器の投資に見合った十分な利益を市民に与えられないということであった．テレビジョンの実用化は現在のFM放送に割り当てられている周波数領域以下の部分を使えば可能であり，このことは1930年代半ばにヨーロッパで明らかになっていた．た

図3.5 ツボリキン(Vladimir Zworykin, 左).
　米国のテレビジョンの開発を押し進めた送像管の発明者．電子展示会で右側のフォン・アルデンネ(Manfred von Ardenne, 電子顕微鏡の開発者の一人)と会ったときの写真(アメリカ物理学会の好意による)．

とえば，英国は1930年代後半にテレビジョンの試験放送を1日に2時間行っていた．これは政府支援の下で英国の放送会社によって進められていた．6章で述べるが，レーダーの開発に深く関与したロビンソン(Denis M. Robinson)はテレビジョン開発の開拓者の一人として英国で仕事を始めた．第二次世界大戦が勃発したとき，英国政府は戦時下の管制の一部としてテレビジョン放送を中止し，軍事用のレーダー研究に重点を移した．

ノート：3

（1） ビデオドキュメンタリー；*The Empire of the Air—The Men Who Made Radio* (Florentine Films, 1991), directed by Ken Burns. De Forest, E. H Armstrong, David Sarnoff の貢献についても触れている.

（2） Saul Dushman, *Scientific Foundations of Vacuum Technique* (New York : Wiley, 1949).

（3） Albert Bigelow Paine, *In One Man's Life* (New York : Harper, 1921).

（4） 上掲のドキュメンタリー. James Brittain, "Edwin Howard Armstrong : An Independent Inventor in a Corporate Age," *Proceedings of the Radio Club of America* (1984), p. 121; Lawrence Lessing, *Man of High Fidelity : Edwin Howard Armstrong* (Philadelphia : Lippincott, 1956).

（5） F. Paschke in *Siemens Forschung und Entwicklung-Berichte* 15 (Berlin : Springer, 1986), p. 287.

（6） H. E. Hollmann, *Physik und Technik der Ultrakurzen Wellen,* 2 vols. (Berlin : Springer, 1936).

（7） V. H. Greinacher, *Verhandlung der Deutscher Physik. Gesellschaft* 14 (1912) : 856 ; A. W. Hull, *Physical Review* 18 (1921) : 34, and 25 (1925) : 645. *Biographical Memoirs of the National Academy of Sciences,* vol. 41 (1970), p. 215.

（8） E. Habann, *Zeitschrift für Hochfrequenztechnik* 24 (1924) : 115.

（9） Ulrich Kern, "Die Enstehung des Radar Verfahrens : Zur Geschichte der Radar Technik bis 1945" (Thesis, University of Stuttgart, 1984). Henry E. Guerlac, *Radar in World War II,* 2 vols. (New York : American Institute of Physics, 1987) および "Radio Background of Radar," *Journal of the Franklin Institute* 250 (1950) : 285.

（10） *Hochfrequenztechnik und Elektroakustik* 68, no. 5 (1959) : 141. 英訳：Center for the History of Electrical Engineering of the Institute of Electrical and Electronics Engineers Incorporated and Rutgers—The State University of New Jersey.

（11） 第二次世界大戦直後に連合軍はドイツに振幅変調を採用した放送局を置いた. このため, 中継所では周波数変調の補助装置を作り, これがFM放送やテレビジョン放送へと発展した.

4 半導体研究の夜明け

　結晶整流器の特性は独特のものであったが，当時の無線技師や技術者は結晶整流器が比較的廉価でかなり使いやすいことを知っていた．ただし，その動作特性や基本的な性質の大部分は物理化学者や物理学者が本格的に研究するまでほとんどわからなかった．今になって考えれば，その基本的な性質は電子の挙動に関する量子論的な解釈が詳細になされるまで，明らかになるはずはなかった[1]．整流作用の基本的現象が明らかになったのは第二次世界大戦の中頃であった．

ブッシュの技術史的調査

　半導体を長年研究したチューリヒにあるスイス連邦研究所（ETHI）のブッシュ（Georg Busch）は半導体の研究開発に関する価値ある技術史的調査を行っており，われわれの歴史的な研究に役立っている[2]．そこで彼の調査結果をここで短く紹介する．

　半導体の考え方の始まりは 1700 年頃で，その頃，荷電した物質に大きな興味が持たれた．静電気が生じた物質にある種の固体を接触させると，静電気が取り去られたり，伝わることを発見した．これには銅，銀，金のような良導体の性能が最もよく，その他の物質は有効であるが，性能はずっと低かった．化学電池，すなわち，積み重ね型電池の初期のものを 1700 年代後半に発明したボルタ（Alessandro Volta）は良導体でもなく，良絶縁体でもない中間的な物質の研究を行った．それらに名付けられた言葉を翻訳すれば「半導体的性質の物質」である．現在世界中で使われている「半導体」という用語はもっと最近のもので，第一次世界大戦頃から使われ始めた．これは金属ではない電気伝導体が存在するという意味で使われた．

図 4.1
ブッシュ (Georg Busch)(左上).
　チューリヒ・スイス研究所(ETHI)の半導体研究者の一人(Busch の好意による).

デービー (Humphrey Davy)(右上).
　英国王室研究所最初の所長である．彼はファラディのすばらしい能力を認め，彼を自由に研究させた(アメリカ物理学会の好意による).

ファラディ (Michael Faraday)(左下).
　若い頃から世に知られた科学者 (アメリカ物理学会の好意による).

デービーとファラディ

19世紀初めに電気化学の研究を始めたデービー（Humphry Davy）はガルバーニが電池を発明した直後，多くの金属の伝導特性を研究し，温度が上がると金属の電気伝導度が低下することを見つけた．彼が見出した挙動は伝導体の一般的性質であった．これに続いて，意欲的な彼の若い仲間のファラディ（Michael Faraday）はデービーの測定を金属以外の多くの化合物に拡げ，金属以外の物質は金属と逆の法則，すなわち，高温で電気伝導度が高くなることを明らかにした．ただし，多くの物質の中で硫化銀（Ag_2S）の伝導度だけはこの傾向を遅らせるだけでなく，175°Cで金属とほとんど同じ位の伝導度を示すのを見出した．後に，これは相変化に関係する現象，現代の用語を使えば，結晶構造が金属状態に変態する現象であった．

ファラディによる比較的電気伝導度の低い物質に関する研究は，1850年代に電気化学者であるヒットルフ（Johann W. Hittorf）に引き継がれた．ブッシュは1851年に発表されたヒットルフの論文に載っている硫化銀と硫化銅（Cu_2S）のデーターを見て，追試した．これらの結果を整理し，電気伝導度の対数を絶対温度の逆数に対して図にすると，直線が得られることを見出した．今日，ボルツマンまたはアレニウス・プロットとして知られている図である．硫化銀の活性化エネルギーはこの勾配から計算され，求められた値は約0.38エレクトロン・ボルト（eV）であった．ヒットルフは経験豊かな電気化学者であったが，その時代にはよい理由付けができなかった．このとき，ヒットルフは伝導が電解的である，すなわち，彼が研究していた溶液と同様に，伝導は帯電した原子の移動によるものと推定した．

四端子法

均一な半導体の真の電気伝導度は図4.2に模式的に示した四端子法を使って測定される．外側の二つの端子は外部から電圧をかけ，物質の内部に電流を流すのに使われる．内側の二つの端子は電位差計へ繋がれ，計器の補助回路中には電流が流れないようになっている．物質の内部伝導率は外側の端子間電流の

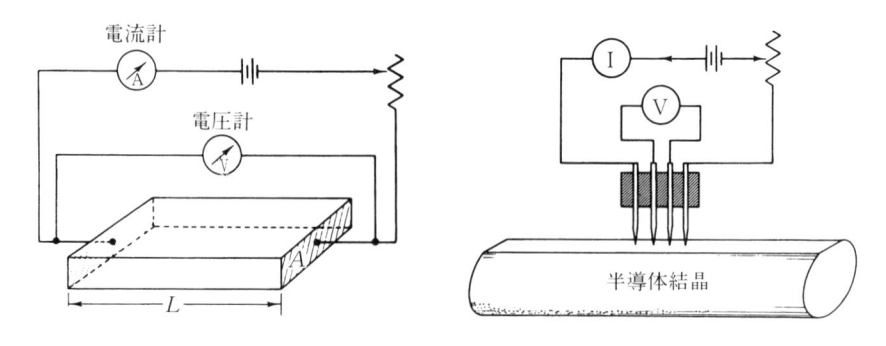

図 4.2 電気伝導度を正確に決める四端子法の模型図(右). 左の図は直線的に電気伝導度を測定する方法で，半導体と電極材料の間に接触抵抗や整流作用があると測定結果は間違ったものになる．

値と内側端子間の電位差から計算できる．この実験法によって物質表面の阻止層や接触抵抗などの他の原因から発生する影響が除かれた．

ホール効果

ローランド (H. A. Rowland) はマクスウェルの予測に反して四角い金属板中の電流が板面に垂直にかけた磁場によって横に偏るのではないかと考えた．彼はこの偏りの効果を試そうとしたが，失敗した．ローランドは彼の学生であるホール (Edwin H. Hall) に実験させた．ホールは精巧な実験計画を立て，この問題に挑戦した．すなわち，電流と磁場に垂直な方向の電位差を求めた．1879 年，ホールはこの効果を金の板で見出した[3]．この測定結果は 1897 年にトムソン (J. J. Thomson) が発見した負に荷電した電子と一致し，電流の担体が負であるとの結論を得た．ところが，アルミニウムのような金属では逆の符号を示し，担体はあたかも正であるかのようだった．このように，電流が見掛け上正の担体になっている観測結果は後に「異常」と名付けられた．電流に関与するものは常に負に帯電すると考えられていたので，このときには不思議に思われた．

半導体におけるホール効果の測定は電流の担体に関する重要な二つの因子を決める非常に有効な方法となった．電気伝導度とホール効果を結び付けると，

図 4.3
ホール(E. H. Hall).
　ローランド(Henry Rowland)の弟子で，電流の方向に垂直な磁場を印加すると横に起電力が働くことを発見した(アメリカ物理学会の好意による).

自由担体の体積密度を決めることができ，さらに，付加電場方向における担体の移動速度，すなわち，移動度も求められる.

金属自由電子論

　トムソンが電子を発見したのに続き，ライプチッヒ大学のリーケ (Carl V. E. Riecke) は世紀の変わり目の1年間，実験室に入っている電力線に銅棒を直列に繋げ，銅の中の電解効果を観測できるかどうかを実験をした．そして，電解効果に変化がないことを見出し，高い電気伝導を示す金属中の電流は純粋に電子的であると結論した．この結果から，彼とドルーデ (Paul Drude) は銅，銀，金のような金属中の伝導電子は「自由電子気体」とよばれる緩く結ばれた状態で存在することを提案した．この考えは金属が示す高電気伝導度と高熱伝導度をうまく説明することができるため，非常に魅力的であった．しかしながら，気体のような性質の電子理論を発展させたドルーデの試みは矛盾した結果を導いた．たとえば，彼が期待していたモル比熱への電子の実際の寄与が

図 4.4
ドルーデ(Paul Drude).
　古典的なマクスウェル-ボルツマン統計を用いて 20 世紀のはじめに金属自由電子論を発展させた(ドイツ・ミュンヘン博物館の好意による).

$3R/2$(ここで R は気体定数) である証拠は何もなかった．彼の理論は電子の量子統計的性質が明確に理解された後の 1920 年代に復活した．

活性化エネルギー

　ケーニッヒスバーガー (Johan Königsberger) は鉱物の化学・物理的性質を研究した物理学者の中の著名な一人である．彼は金属と半導体の電気的性質の起源に関して浮かび上がってきた問題に気づき，以下のような考え方を提案した．すなわち，温度が上昇すると電子は自由度を増し，液体や固体が熱で蒸発するようにガスのようなものになる．この理論は低温で電気伝導度が増す伝導度の高い金属に適用した場合には矛盾するので役に立たないが，高温で伝導度が高くなる半導体の一般的伝導現象を定性的に説明するものであった．半導体の中で電子気体になって伝導に寄与する電子（キャリア）は自由になるために活性化エネルギーを必要とする．このようにして次第に半導体が世の中に知られてきた．半導体（semiconductor，ドイツ語で Halbleiter）という名を最

4 半導体研究の夜明け 59

図 4.5
ケーニッヒスバーガー
(Johan Königsberger).
　半導体の本質を予測した初期の科学者．彼は十分低温ではキャリアが凍結し，動くためには活性化エネルギーが必要であることを示した（Königsberger の娘 M. J. Loveday–Königsberger 夫人から写真のコピーを得た Georg Busch の好意による）．

初に使うようになったのはケーニッヒスバーガーの研究室であった．

ビーデッカー

　1909 年と 1913 年の間に半導体の基礎的性質を明らかにする大きな一歩を進めたのはビーデッカー（Karl Baedeker）である[4]．話は外れるが，彼は世界的な旅行案内書の古典シリーズを作った人の息子であった．若きビーデッカーはガラスや雲母の上に純金属の薄膜を作るのに必要な，当時としては最良の化学的・物理的技法を持っていた．その後，金属薄膜を適当な蒸気にさらし，金属の酸化物や硫化物，あるいはハロゲン化物のような化合物を作った．このプロセスはその当時の少なくとも半導体研究分野では非常に高度なものであった．それらは非常に簡単な物理的構成である一方，化学的組成の精密な制御に向けて大きな役割を果たした．また，これらの技術は初歩的なものではあったが，今日のシリコンチップ製造に使われている技法を思い出させるものである．

　いろいろな物質についての研究が進むにつれ，ビーデッカーは沃化銅（CuI）の発光現象を発見し，これを詳細に研究した．沃化銅を空気中で化学

図 4.6
ビーデッカー(Karl Baedeker).
1909 年から半導体の化学・物理的性質の系統的な研究をした．彼は化学的に純粋な金属箔を用い，これを沃化銅のような半導体化合物に変えた（Jena 大学の文書館の好意による）．

量論的な組成にすると，膜の電気抵抗がかなり高くなった．しかし，その後に膜を沃素蒸気にさらすと沃素が吸収され，化学量論組成が崩れた．このため，結晶中の 1 価の銅原子のいくつかは 2 価に変わり，これと同時にある場合には数桁も伝導度が増大した．ホール効果を測定すると，特異な挙動を示し，あたかもこの電気伝導に関係する担体（キャリア）が正に帯電しているかのようであった．現代の物理用語を用いるならば，2 価の銅イオンが価電子帯にホール（正孔）を作り，これが自由な正の電荷と同等の働きをして伝導に寄与した．沃素蒸気の効果は可逆的であり，沃素の蒸気圧が低くなると電気伝導度も減少した．つまり，それぞれの沃素蒸気圧はそれに対応する伝導度の平衡値を作り出した．

　ビーデッカーの功績は半導体の分野の研究水準を高めたことである．たとえば，整流作用をもたらす表面効果の他に，半導体そのものの伝導は本質的にオームの法則に従うことを示した．しかし，悲しいことに，1904 年 8 月に第一次世界大戦が勃発したときドイツ軍に召集され，最初の週の戦闘で 37 歳の生涯を閉じた．シリコンの歴史の中でもう一人の重要な貢献者であるモーズリー

(Henry G. Mosely)も27歳の若さで1915年ガリポリで命を落とした．モーズリーはラウエが結晶によるX線回折を発見した直後からX線放射スペクトルの系統的研究を行い，水素を1番とする周期表の元素の位置を記述するメンデレーエフの原子番号は電子の電荷を単位として測った原子核の正の電荷数と同じであることを示した（モーズリーの法則）．

アルカリハライド結晶中の色中心

絶縁体と半導体中の自由な電子と捕捉（トラップ）された電子の挙動に関する理解が進み，1920年代にはもう一つの重要なステップである研究がゲッチンゲン大学のポール（Robert W. Pohl）と彼の研究グループによりなされた．彼らは化学量論組成よりアルカリ金属が余分なアルカリハライド結晶を用いて，結晶の着色に関係するいわゆるF中心とよばれるものの電気的および光学的性質を注意深く，かつ精密に研究し始めた．このような高精度の研究は何10年にもわたり，多くの国の研究グループが参画するようになった．そして，

図4.7
ポール（Robert W. Pohl）．
1920年代からゲッチンゲンの彼の研究所でアルカリハライドの電気的・光学的性質を精力的に研究した．特にアルカリ金属原子などを添加して，非化学量論組成にした結晶を調べた（アメリカ物理学会，Walter Bratain Collectionの好意による）．

色中心の研究は次第に半導体分野を含む，固体物理および固体化学分野の高度で有益な研究基盤となった[5]．

イオン伝導あるいは電子伝導

第一次世界大戦中の半導体分野の研究活動はコード化された無線への応用を除いて休止状態になった．しかし，第一次世界大戦が終わると，1920年代には二つの重要な方向に向かって研究が再開された．一つはトゥバント（C. Tubandt）やワグナー（Carl Wagner）のような物理化学者の仕事で，電子伝導とイオン伝導の矛盾した現象を区別する方法の提案であった[6]．彼らが使ったのは，適当に選んだ伝導体を直列にした境界で電着物が生じるかどうかを知ることであった．いくつかの実験では二つの伝導機構が混在しており，一部はイオン伝導，一部は電子伝導であることがわかった．さらに，電着物の定量分析により二つの伝導型の比を決めることも可能にした．

次にワグナー，ショットキー（W. Schottky），フレンケル（Ya. Frenkel），

図4.8
フレンケル（Ya. Frenkel）．
物理および理論化学の多くの分野に貢献した天才的なソ連の科学者．彼はイオン結晶中のイオンの移動に寄与する，熱的に導入された格子欠陥に関する最初の理論を発展させた（アメリカ物理学会の好意による）．

およびヨースト（W. Jost）はイオン伝導が結晶中のイオンの移動に基づく特別の機構であることを提案した．イオンの移動には熱活性化によって空格子点あるいは格子間原子の発生することが必要である．すなわち，最初に熱的な活性化で空格子点あるいは格子間イオンのような格子欠陥が発生し，次にこれらが電荷とともに移動する，という二つのステップの組み合わせが必要である．これらの考え方に基づく原理は実験的に検証され，多くの固体で正しいことが証明された．たとえば，アルカリハライド結晶で観察されるイオン電流は正負両方のイオン格子に空孔が存在することと関係がある．他方，塩化銀（AgCl）中のイオン伝導は格子間の銀イオンの移動に依存している．

イオン伝導では，適切な化合物を加えると，その伝導現象に影響を与えることができる．たとえば，塩化ナトリウム（NaCl）に塩化カルシウム（$CaCl_2$）を加えると，2価のカルシウムが1価のナトリウムを置換し，結晶格子のナトリウムイオン部分に空孔を一つ発生する．この空孔の移動によって結晶のイオン伝導度は増大する．

半導体結晶中の欠陥の重要性

半導体の系統的研究のパイオニアであるグッデン（B. Gudden）は1930年に得られた実験的証拠に基づき，半導体結晶中に観測される電子伝導が常に不純物か他の欠陥の形成に基づいており，もし欠陥がなくなれば絶縁体になると提案した．1934年に書いた総説で彼はこの考え方を詳しく述べた[7]．

第二次世界大戦中と大戦後には，特にシリコンとゲルマニウムについての広範な研究がなされ，グッデンの提案は半分正しく，半分間違っていることがわかった．ある種の半導体中の価電子は電子伝導に寄与できないほど，結晶中で固く結合されている．このような場合には，欠陥や不純物に関連した弱い固着状態の電子あるいは正孔だけが伝導に寄与することができる．これとは違って，不純物や欠陥から生じた伝導成分は低温で支配的となるが，高温では価電子の熱励起によって生じた担体（伝導電子）が支配的になる．多くの場合，不純物による伝導は非常に重要である．これらはシリコンやゲルマニウムでも見られ，それらを評価するためにはそれぞれの伝導型を別々に調べなければならない．

波動力学の導入

　金属および半導体の電子伝導に関する非常に複雑な現象の多くは1920年代後半にシュレディンガー（E. Schroedinger），ハイゼンベルグ（W. Heisenberg），ボーア（N. Bohr），ボルン（M. Born），パウリ（W. Pauli），ディラック（P. Dirac），フェルミ（E. Fermi）らが発展させた波動力学によって明らかになった．この新しい力学は最初ヘリウム原子や水素分子のような簡単な原子および分子についての問題に適用された．彼らはボーアにより提案され，第一次世界大戦直前にゾンマーフェルト（A. Sommerfeld）により拡張された最初の半古典理論を正確な考察により解いた．

　金属および他の固体の研究により提起された種々の事柄が間もなく研究者の注目の的となったのは必然的なことであった．これらの現象を理解する解は二つの進歩と繋がっていた．第1の進歩は電子が光量子のようにシュレディンガー方程式により記述され，粒子の性質と同時に波の性質を持つという発見であ

図4.9
ベーテ（Hans A. Bethe）．
　ゾンマーフェルト（Arnold Sommerfeld）とともに量子力学を用いドルーデの金属自由電子論を生き返らせた（アメリカ物理学会の好意による）．

図4.10 ボーア(Niels Bohr, 右)とゾンマーフェルト(Arnold Sommerfeld).
二人は量子力学の発展に寄与した主要な人物である(アメリカ物理学会, Margrethe Bohr Collectionの好意による).

る.第2の進歩は全体の中で一つの電子に許される量子状態はただ一つであること,すなわち,与えられた一つの波動関数だけを持つことが許されるという法則である.この法則は1個の原子や分子と同様大きな結晶についても成り立つ.また,排他律と呼ばれる法則がパウリにより提案された.周期表のある元素からある元素へと進むとき,電子がエネルギー準位を順々に占有する方法を説明できると彼は考えた.パウリの排他律では,同じエネルギー状態あるいは同じ軌道に存在できるのは2個の電子だけである.その後,ゴードシュミット(S. A. Goudsmit)とウーレンベック(G. Uhlenbeck)により,電子には二つのスピン(自転)状態のあることが発見され,パウリの排他律に従う2個の電子は逆向きのスピンを持つことが明らかになった.

多電子系で電子が状態を占有する方法についての制限に関する新しい知識を用いて,ベーテ(H. A. Bethe)とゾンマーフェルト(A. Sommerfeld)はド

ルーデ（P. Drude）が提案した金属の自由電子気体論を再検討した[8]．古い理論では，電子は熱擾乱によって決められた状態の上にある平均的な分布エネルギーを持つ最低のエネルギー近傍に集まると仮定した．この場合には，前述のように電子のエネルギーは完全な古典的単原子気体として電子1モル当たり$3RT/2$程度の統計的広がりとなる．ここで，Rは気体定数，Tは絶対温度である．排他律により決められた自由電子の実際の分布はフェルミ（E. Fermi）とディラック（P. Dirac）の統計で定量化され，高い電導率を持つ典型的な金属で生ずる電子密度に関して合理的な解釈を与えた（図4.11）．ほとんどの電子は数エレクトロンボルトの幅のエネルギー帯の中に密に分布し，エネルギー帯の頂上に存在する電子のほんの一部分がkT程度の熱エネルギーを持っている．ここで，kはボルツマン定数で，気体定数をアボガドロ数で割ったものである．この解釈は，たとえば古典的意味で電子がどうして自由であるかのように振る舞って，高い伝導度の金属の比熱に貢献しないかを説明してくれる．実際，この後の実験で示されたように，温度とともに直線的に増加する比熱に対して，電子はほんの僅かしか寄与していない．ベーテとゾンマーフェルトの仕事は固体に応用する統計力学の新しい考え方として有効であるのはもちろん，古典的なドルーデの金属気体電子論が理想的な金属の半定量的モデル

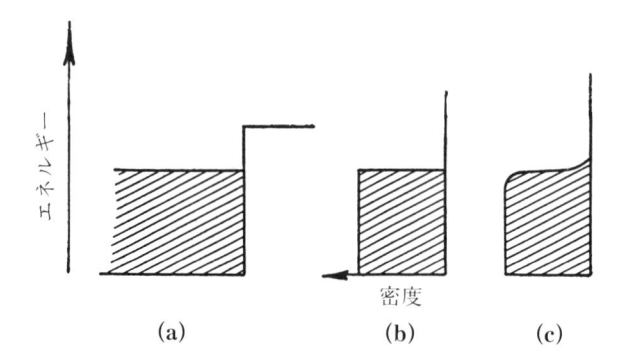

図4.11 ベーテとゾンマーフェルトにより発展されたドルーデの金属自由電子理論における電子のフェルミ-ディラック分布．
（a）斜線の部分は数eVに拡がっており，パウリの排他律に従って占有された金属の伝導帯中の準位を表す．金属の表面による束縛ポテンシャル障壁も示されている．（b）絶対零度での分布関数．（c）有限温度の分布関数．占有領域の頂上の熱励起範囲はkTの大きさで，kはボルツマン定数，Tは絶対温度である．

として役立つことを示した．

バンド理論

ストラット（Maxmillian Strutt）は結晶格子の周期性を考え，周期ポテンシャル場の中の電子についてのシュレディンガー方程式を解いた[9]．彼は解が波動的で，また，ポテンシャル場の性質に依存するエネルギー・ギャップが現れ，かつ，エネルギー準位の連続的な帯（バンド）が形成されることを見出した．

ブロッホ（Felix Bloch）は格子中の原子核を中心とした原子関数の列で構成した波動様関数を作り，これを発展させた．各項は与えられた解の波長に相当する位相を持った複雑な係数を持っている[10]．この近似を用いることによって，金属の電気抵抗の通常の温度依存性が格子中の原子の熱的に励起された振動に関する波によって起こる電子波の散乱，あるいは回折の結果であることを示すことができた．すべての格子振動波が励起されたとき，高温でこの寄与

図 4.12
ブロッホ(Felix Bloch)．
原子波動関数から金属中の伝搬波の近似系を発展させた．金属の温度に依存する電気抵抗は格子振動波による電子波の回折の結果であることを示した（アメリカ物理学会の好意による）．

は温度とともに直線的に増す．ただし，量子効果がより高い周波数の振動波をなくすように作用する低温では急速に減少する．欠陥や不純物原子による電子波の散乱に起因する電気抵抗が加わるので，もし物質が超伝導でなければ絶対零度近傍でも有限な抵抗を示す．

バンド構造のもう一つの見方

ストラットにより見出されたエネルギー・バンドには，わかりやすいもう一つの方法がある[11]．より現実的な三次元の波動関数を得るのに，後述するウィグナーとサイツによって用いられた方法を発展させたものを使うのが普通である．この方法では，初め，お互いに遠く離れた原子の格子配列を考える．この系の電子のエネルギー状態は自由電子の状態である．これらの電子のエネルギーは拘束された原子軌道に関係する典型的に離れ離れになっている（離散型）準位であり，自由原子に関連する発光と吸収は鋭い線スペクトルとなる．同じ幾何学的格子配列で広げた格子中の原子をどんどん近づけると，隣り合った原子のポテンシャル場は重なり始める．この結果，離散的な原子準位は広がり，無限の格子では完全に連続的な準位となってバンド状になる．ただし，シュレデインガー方程式の解につけた境界条件のために，有限な結晶については離散的になる．格子が縮んでくると，原子の準位は広がり，自由原子の本来の特性である電子の波動関数が変化し，局所的原子場の影響によって変調され，格子の間を流れることができる自由電子が生ずる．

初期の歴史的文献に見られる興味ある結果を図 4.13 および 4.14 に示す．図 4.13 はナトリウム結晶の例で，原子間距離の減少とともに離散的電子の準位がバンドへ発達する様子を半定量的に示している．図 4.15 はナトリウムと対照的な炭素のダイヤモンド型結晶の電子状態を示す．ダイヤモンドの構造は図 4.15 で示すような格子構造で，かなり隙間がある．非常に電気伝導のよい典型的な金属であるナトリウムの場合，原子の準位から導出したエネルギー準位の重なりは垂直な点線で示した位置であり，実験で得られた格子間隔に等しくなるところで連続的となる．一方，ダイヤモンドのバンドの発達はナトリウムと非常に異なる．隣接した原子の場が格子の縮みによって重なり始めるとき，エネルギー準位の広がりが起こる．しかし，バンドの一つのグループは下が

4 半導体研究の夜明け 69

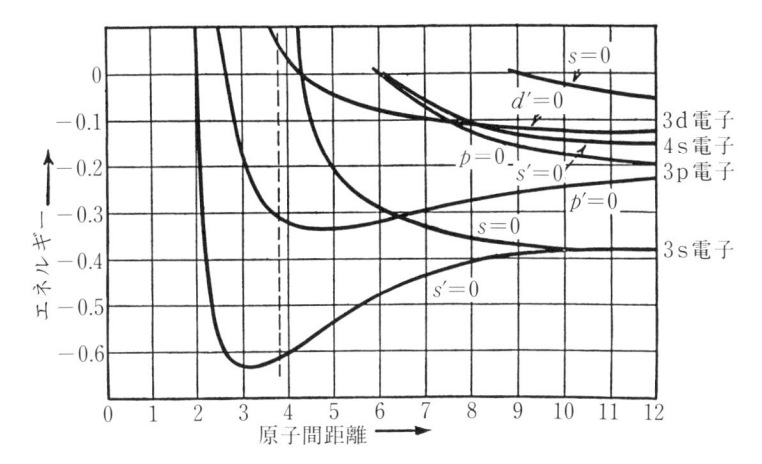

図 4.13 ナトリウムの原子準位の広がりを示す模式図．格子配列を保ったまま隣の原子の価電子と重なり合う距離に原子間距離を近づけた (J. C. Slater, Physical Review 45 [1934] 794. より).

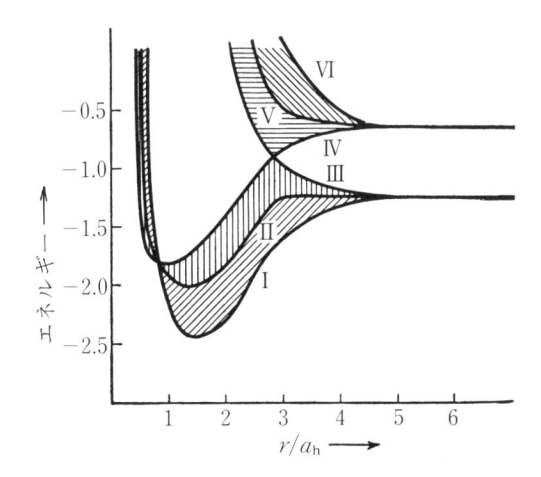

図 4.14 図 4.13 に示したものと同様の原子の準位に関する初期の半定量的計算で，図 4.15 に示すような比較的空間の多い格子構造を持つダイヤモンドの場合である．この場合は隣り合う原子の場が重なり合うにつれ，価電子による広がったバンド構造の中にはっきりしたエネルギー・ギャップが現れる．この図はシリコンやゲルマニウムのような単体の結晶はもちろんのこと，ダイヤモンド構造をとる化合物は真性半導体となり得ることを示している (G. E. Kimball, Journal of Chemical Physics 3 [1935] 560 より).

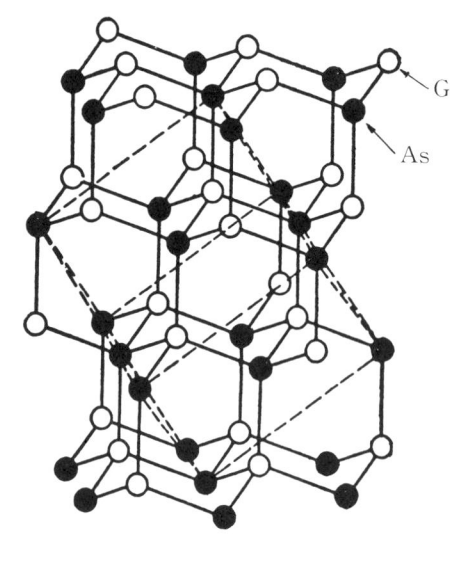

図 4.15 ダイヤモンド，シリコン，ゲルマニウム，灰色錫で見られるダイヤモンド構造．シリコンのような単体の結晶では，白と黒の円は同じ原子にを示す．ガリウム砒素(GaAs)のような化合物もこの構造(sphalerite 型結晶)を持ち，これらの場合には，白と黒の円が2種の原子を示している．

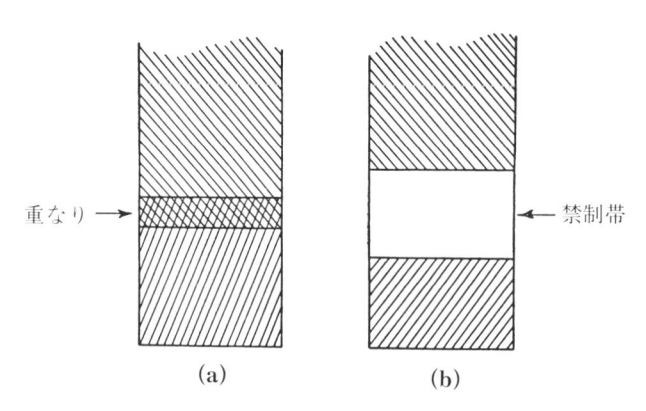

図 4.16 固体の中で生ずる2種の基本的なバンド模型．左図の場合は価電子準位が上の準位と重なり合っている．右図はエネルギー・ギャップ(禁制帯)が現れている．

り，準位が生じないギャップを残したまま，それより上のバンドに分離する．分離したバンドのうち低いグループは結晶中の炭素原子の全ての価電子を収容するのにちょうど十分なエネルギー準位の数を持っている．図 4.13 と 4.14 に示した二つの結晶の間の基本的相違は格子構造の相違に関係している．これはその後の厳密な計算で確認された．

4 半導体研究の夜明け　71

　図 4.14 で示したギャップが現れるためには，元素や化合物が半導体として振る舞う格子構造（図 4.15）を持つことが重要である．
　固体中の通常の原子間隔は，強く結ばれた内殻電子によって保たれているが，自由電子状態の中で示される限定された準位も若干関係している．

金属ナトリウム

　ウィグナー（E. P. Wigner）とサイツ（F. Seitz）は現実の固体についての波動関数を初めて求めた．この方法はさらに一般化され，また改良された方法を使って，多くの物質について計算された[12]．金属ナトリウムの場合，観察された格子間隔において，価電子から導かれたバンドの最低の電子の波動関数が

図 4.17　ウィグナー（Eugine Wigner）．
　ハンガリー生まれの科学者かつ技術者で，多くの仕事をした．彼は化学工学者として教育を受け，最初のプルトニウム発生型原子炉の設計に貢献した．彼は原子核化学，物理学を含め量子論の基礎分野で多くの仕事をした．彼の孫であるマーガレット（Margaret，前）とマリー・アプトン（Mary Upton）と一緒に写っている（Martha Upton の好意による）．

自由電子の最低の波動関数とほとんど同じであった．また，核の近傍でのポテンシャル場によって引き起こされる変調は比較的小さかった．このように，ナトリウムは例外的に単純な系であることが証明されたが，これは歴史的に重要な研究であった．

バンド構造の型

　原子の間隔が広いときに離れた原子軌道を占めていた電子は，原子が近づくにつれ（図 4.13 と 4.14）準連続的な構造の中で，一つあるいは複数の広がった軌道，すなわち，バンドを占めるようになる．これはパウリの排他律に従っており，理想化された金属の電子気体モデルに基づくドルーデの理論を復活させるのに重要な役割を演じた．

　バンド構造について多少基本的に考えると，図 4.18 でに示すように四つの型がある．最初の（a）と（b）では格子間隔が減少するにつれて元の原子状態に由来する準位のバンドが完全に重なり，価電子に関する基底状態以上になる．これらの場合，電子により占められているバンドの上部は空の準位と連続的に繋がる．これは発光スペクトルが完全に連続で完全に自由な電子の場合に相当

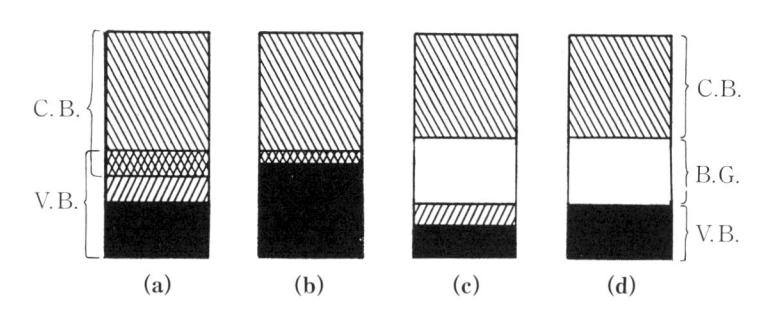

図 4.18　価電子により原理的に占められる四つの可能な方法．
　（a），（b）の場合はバンドが連続的に重なり合い，固体は金属となる．（c）の場合はギャップがあるが，価電子を含むバンド（価電子帯，V. B.）の一部分だけが充たされているので，金属的挙動をする．（d）の場合は価電子を含むバンドが完全に充たされ，その上のバンドが完全に空でバンド・ギャップ（B. G.）になっており，電気的絶縁体になる．ただし，バンド・ギャップが狭く，価電子が熱によって励起されて空のバンド（伝導帯，C. B.）に上がれば，半導体になる．

する．第3の場合（c），バンド構造にギャップはあるが，下のバンドはエネルギーの低い一部だけが電子によって占められており，そのバンドの上部は（a）および（b）のように，空の部分に繋がっている．4番目の場合（d）は（c）と同じようなバンド・ギャップ構造であるが，上のバンドの準位の数と電子の数が1：1になっている．したがって，エネルギーの低いバンドは完全に占められ，上の準位は完全に空となっている．

最初の（a）〜（c）の場合，電子に占められた準位の上端に存在する電子はほぼ完全に自由である．したがって，電場を加えると電流が流れ，その物質は金属的な伝導を示す．しかし，（d）の場合はそうではない．排他律に従って準位が占有され，バンドが完全に充たされている．したがって，最初の三つの場合には可能な電子の自由度が奪われる．この場合，充たされたバンドから空のバンドに熱的に電子が励起されないような十分低い温度では，電気的に絶縁体になる．バンド・ギャップが十分狭く，電子が熱的に活性化されて空いたバンド（伝導帯）に遷移するような温度では，電子は十分な自由度を得て伝導体になる．さらに温度が上昇すると，熱的に励起された電子の数が増し，伝導度が増す．この型の物質は真性半導体と呼ばれる．

第4のバンド構造はこの本の目的にとって非常に重要である．ダイヤモンド構造に結晶化することができる物質，特に炭素，シリコン，ゲルマニウムおよび灰色錫の伝導体としての位置付けをするときに必要となる[13]．

光学的手法で決められたダイヤモンドのバンド・ギャップは5.7 eV程度であり，真性半導体としての電気伝導は高温領域で観測される．ただし，ダイヤモンドは高温になると熱力学的に不安定になり，黒鉛（グラファイト）に変態する．ダイヤモンド構造を持ち，摂氏13.2度以下で安定な灰色錫のバンド・ギャップは非常に小さく，ブッシュ（G. Busch）とその協力者による測定によれば，0.1 eV程度である[15]．シリコンとゲルマニウムの値は300 Kでそれぞれ約1.1と0.66 eVである．

理論的研究によれば，図4.18（d）のように充たされた価電子帯から伝導帯へ跳び上がる電子は伝導帯の中で負の電荷のように振る舞い，空のバンドの底にある準位の特徴から，真空中の自由電子の質量とは異なる有効質量を示す．これは実験結果とよく一致する．

充たされているバンドから伝導帯へ励起された電子以外の残りの電子のいく

つかは電子がバンドから励起されたときに移動の自由度を得る．つまり，荷電子帯の中に電子が抜けた孔（hole：ホール，あるいは positive hole：正孔）がつくられる．ホールが生じたバンドの準位には空きができるので，充ちたバンドの頂上近くに残った電子には移動の自由が生まれる．ここに電場が存在するとき，ホールの移動が起き，これは実質的に電流となる．このようにして，一部分が空になった価電子帯は電気伝導に寄与する．これは便宜的に正孔の存在による電流ということができる．これらの移動によって生ずる電流はホール（Hall）効果に異常な寄与をし，負の電荷ではなく，あたかも正の電荷の移動のように観測される．荷電したキャリアの符号が見かけ上逆転する現象は，価電子帯の頂上近くの準位の密度がバンドの頂上に近づくときのエネルギーの増減に関係しており，電子はエネルギーが増すとあたかも減速するかのように振る舞う．

　この挙動と放射崩壊で観測される陽電子の挙動の間には極めて似た点がある．陽電子研究の初期に行われた陽電子に関する放射崩壊では，負のエネルギ

図 4.19　ウィルソン（A. H. Wilson）．
　固体バンド理論の精力的な開拓者であった（the Meitner-Graf Studio と Robert Cahn の好意による）．

一状態の無限の海から電子を取り除くときに陽電子が生ずると考えた．便宜的には，ほとんど電子で充たされた価電子帯中の正孔の移動の結果として，仮想的にホールを正の電荷として取り扱うことである．したがって，正孔の有効質量は完全な自由電子の有効質量とは異なる．

1930年代初期，ここで記述した金属と半導体の性質の多くを解明するのに最も貢献した研究者の一人はウィルソン（A. H. Wilson）であった[15]．彼は固体に応用したバンド理論をまとめて優れた3冊の本を著した．彼は第二次世界大戦の終わりまでレーダーに関係する材料のバンド構造計算を行い，その後は企業の重役として成功した．

不純物半導体

この本の後の章で述べる集積回路などの半導体応用のほとんどはシリコンに精密にコントロールされた量の不純物を添加したものである．このような不純物の添加により生ずる効果に詳しくない読者のために，以下に不純物の効果のいくつかについて，その概略を述べる．

半導体の電気伝導度等の性質は不純物や格子欠陥などに非常に敏感である．この敏感さは，たとえばシリコンのような元素半導体を用い，固体のバンド理論で簡単に説明できる．たとえば，シリコン原子の極く一部が燐や砒素のような周期表の第V族の元素により無秩序に置き換えられたと仮定する．添加されたV族元素が持っている5個の価電子のうち4個は多少の不適合があってもシリコン原子の4個の価電子の代役となり，充ちたバンド（価電子帯）の中の準位を占める．価電子帯にはV族元素が持つ5個の電子のうち4個しか入れないので，量子統計の法則により，余った1個の電子は価電子帯と伝導帯の間にあるバンド・ギャップ中のエネルギー的に許される準位（または状態）を占める．ただし，静電ポテンシャル場の中で周囲の原子との繋がりは保たなければならない．その結果として，空のバンド（伝導帯）のすぐ下のバンド・ギャップの中に，他の電子とは離れた準位を占める．このような準位を占める電子は結晶全体に渡って分布するが，置換原子の引力によって，置換原子を中心とした領域に存在する．このような準位の典型的例を図4.20（b）に示した．伝導帯の近くの準位を占める電子は伝導帯とのエネルギー差が価電子帯中の電子よ

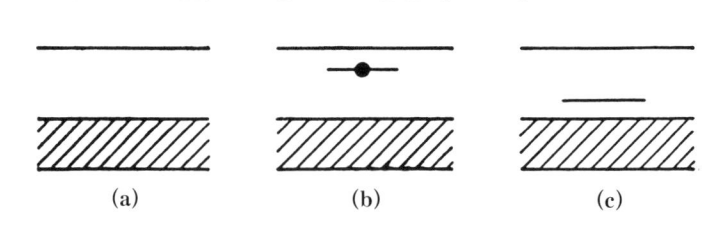

図 4.20 （a）の場合は理想的な元素半導体，（b）の場合はシリコン原子が周期表の第V族の燐のような元素によって置換された場合に対応する．原子の結合に寄与しない余分の電子が，伝導帯のすぐ下のバンド・ギャップ中に局所的な準位（ドナー準位）を作る．これがn型半導体である．（c）の場合はシリコン原子がたとえばAlのような第III族元素によって置換された場合で，占有されていない空の準位（アクセプター準位）が価電子帯のすぐ上のバンド・ギャップ中にできる．これはp型半導体である．

り小さいので，低温でも伝導帯に容易に励起される．バンド・ギャップ中のこのような高いエネルギー準位をドナー準位とよぶ．

　置換型でも侵入型原子でもドナー準位を占める電子は価電子帯の電子より伝導帯に励起されやすいので，低温でも電気伝導に寄与し，大きなホール効果を示す．価電子帯の電子は数が多いので，十分高い温度では価電子帯の電子が伝導帯に励起され，電気伝導を担う．このように，添加元素の電子の寄与による電気伝導を不純物伝導とよんでいる．

　5価の原子で置換する代わりに，ボロン（硼素）やアルミニウムのような3価の原子でシリコン原子を置換すると，3個の価電子はシリコン電子の代役として価電子帯に入る．ただし，置換原子の電子は3個でシリコンの4個より少なく，価電子帯の占有は量子統計により許された占有可能な準位を全部占めることができない．その結果，シリコンの価電子帯のすぐ上にエネルギー準位を発生する．このような準位を占める電子は置換原子の周囲に引きつけられており，置換原子の近くで局所的に存在する．したがって，このエネルギー準位を占める電子はその原子と価電子帯のエネルギー準位に関係する電気的特性に影響を与える．上述のように，3価の添加物原子は図4.20（c）に示した価電子帯のすぐ上にエネルギー準位を発生するが，低温では電子に占められていない．よく使われる言葉で表現するならば，あたかも価電子帯の正孔によって占めら

れているように見える．熱的な励起が起こると，空のエネルギー準位の一部は価電子帯の電子で占められ，異常ホール効果を示す電流の原因となる正孔を生ずる．このタイプの不純物伝導は真性伝導に比較してかなり低温で現れる．電子で占められていないエネルギー準位はアクセプター準位とよばれる．

　8章で述べるが，ベル電話研究所が焦点を合わせた研究は図4.20(b)に示したドナー準位による不純物伝導である．この不純物半導体では，ドナー準位の電子があたかも負の電荷であるように振る舞ったのでn型とよばれた．また，図4.20(c)は正の電荷と見なせる正孔により伝導が生ずるので，p型とよばれた．多分，ベル電話研究所で最初に使われたと思われるこの用語は半導体技術者の間にたちまち広がった．

　天然の結晶は種々の原子からなる不純物を多量に含み，結晶中で局部的に分布している．したがって，天然の半導体がいろいろ異なった特性を示しても，別に驚くことではない．事実，ある地方で算出する天然の半導体は主にn型を示し，他の産地では主にp型ということがある．半導体の性質を意のままに制御したいという願望は，上に述べた事柄から明らかなように，結晶中の化学的成分に十分な注意を払うことである．現代の最先端の半導体工業では，ドナーやアクセプターになる不純物を実効的に10億分の1（10^{-9}，あるいはテ

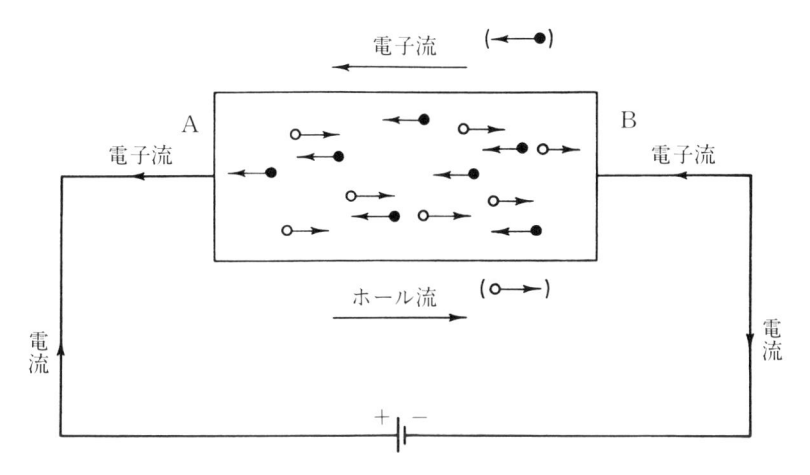

図4.21　電子を左へ動かす電場が印加されたときに，電子と正孔が反対の向きに移動することを示す模式図．

ンナインともいう）あるいはそれ以上に制御している．

　交流の整流に使われた大面積の亜酸化銅（Cu_2O：バンドギャップは約 2.1 eV）半導体は 1920 年に使われ始めた．これに使用された銅板は当時の電気工業用の銅を使った．このため，銅の不純物量が生産会社で，あるいは製造時期で異なっていた．したがって，整流器の品質を保証するためには，その製造工程で用心深い検査が必要であった．

III-V族化合物半導体

　シリコンおよびゲルマニウムの半導体の特性の大部分は第二次世界大戦中のレーダーの開発に関連した研究によって明らかにされた．真性半導体や不純物半導体が示す特性には未知の可能性があり，戦後に有望な物質の探索が始まった．特に結晶構造がシリコンおよびゲルマニウムと同じ基本構造を持ち，比較的小さなエネルギー・ギャップを持つ周期表の第III族と第V族元素の結合で作られる砒化ガリウム（GaAs）のような化合物に大きな関心が払われた．ウェルカー（H. Welker）は特にこのような化合物の研究に精力を注ぎ，その中からエレクトロニクス分野を広げるような現象を見出した[16]．初め，これらの化合物はトランジスターの開発段階でシリコンやゲルマニウムに代わるトランジスター材料として検討された（14章）．しかし，種々の問題があって，シリコンに取って代わることはできなかった．その後，発光ダイオード（5章），赤外検出器，高速動作する集積回路のようなシリコンでは実現できないデバイスに実用の場所を見つけた．

ノート：4

（1） Leon Brillouin, *Quantenstatistik*（Berlin: Springer, 1931）; A. H. Wilson, *Semiconductors and Metals*（Cambridge: Cambridge University Press, 1939）; A. H. Wilson, *The Theory of Metals,* 2d ed.（Cambridge: Cambridge University Press, 1954）; N. F. Mott and R. W. Gurney, *Electronic Processes in Ionic Crystals*（Oxford: Oxford University Press, 1940）; F. Seitz, *The Modern Theory of Solids*（New York: McGraw-Hill, 1940）; W. B. Shockley, *Electrons and Holes in Semiconductors*（New York: Van Nostrand, 1950）; H. K. Henisch, ed., *Semiconducting Materials*（New York: Academic Press, 1951）; W. B. Shockley et al., eds., *Imperfection in Nearly Perfect Crystals*（New York: Wiley, 1952）; A. H. Cottrell, *Dislocations and Plastic Flow in Crystals*（London: Oxford University Press, 1953）; R. Peierls, *The Quantum Theory of Solids*（Oxford: Oxford University Press, 1955）; H. G. Van Bueren, *Imperfections in Crystals*（Amsterdam: North Holland Publishing Co., 1960）; J. H. Schulman and W. D. Compton, *Color Centers in Solids*（New York: Pergamon Press, 1962）; D. Pines, *Elementary Excitations in Solids*（New York: W. A. Benjamin, 1963）; N. A. Goryunova, *The Chemistry of Diamond-Like Semiconductors*（Cambridge, Mass.: MIT Press, 1965）; C. T. Tomizuka and R. M. Emrich, *Physics of Solids at High Pressures*（New York: Academic Press, 1965）; A. S. Grove, *Physics and Technology of Semiconducting Devices*（New York: Wiley, 1967）; W. B. Fowler, ed., *Physics of Color Centers*（New York: Academic Press, 1968）; R. A. Levy, *Principles of Solid State Physics*（New York: Academic Press, 1968）; R. G. Hibberd, *Solid-State Electronics,* Texas Instruments Electronics Series（New York: McGraw-Hill, 1968）; M. Doyama and S. Yoshida, *Point Defects*（Tokyo: University of Tokyo Press, 1977）; L. Hoddeson et al., eds., *Out of the Crystal Maze*（New York: Oxford University Press, 1992）; C. Kittel, *Introduction to Solid State Physics*（New York: Wiley, 1996）. *Solid State Physics* シリーズ, ed. H. Ehrenreich and Frans Spaepen（New York: Academic Press）.

（2） Georg Busch, "Early History of the Physics and Chemistry of Semiconductors," *Condensed Matter News* 2, no. 1（1993）: 15.

（3） *Biographical Memoirs of the National Academy of Sciences,* vol. 21（1941）, p. 73.

（4） *Physik. Zeitschrift* 9（1909）: 431; *Annalen d. Physik* 29（1909）: 566; *Physik. Zeitschrift* 13（1912）: 1080; *Die Elektrischen Erscheinungen in Metallischen Leitern*（Braunschweig: Vieweg, 1911）.

(5) 1.を参照.
(6) 1.を参照.
(7) B. Gudden, *Ergebnisse der Exakten Naturwissenschaften* 13 (1934): 223.
(8) A. Sommerfeld, *Zeitschrift f. Physik* 47 (1928): 1 ; A. Sommerfeld and H. Bethe, "Elektronentheorie der Metalle," *Handbuch der Physik,* vol. 24, pt. 2 (Berlin: Springer, 1934).
(9) 1.を参照.
(10) 1.を参照.
(11) J. C. Slater, *Physical Review* 45 (1934): 794.
(12) 1.を参照.
(13) 1.の Goryunova, *Chemistry of Diamond-Like Semiconductors* 参照, ノート：2 (14)参照.
(14) G. Busch, J. Wieland, and H. Zoller, "Electronic Properties of Grey Tin," in *Semiconducting Materials,* ed. H. K. Henish (London: Butterworth Scientific Publications, 1951), p. 188, n. 1.
(15) Wilson, *Semiconductors and Metals* and *The Theory of Metals.*
(16) H. Welker and H. Weiss, *Solid State Physics,* vol. 3 (New York: Academic Press, 1957), p. 1. Welker のダイオードに関する研究については, *Jahrbuch der deutschen Luftfahrtforschung* 3 (1941): 63.

5 整流作用の原理

　この章では，ブラウン (Ferdinand Braun) が最初に実験し，それ以後コード化した無線に使われた装置の整流作用の原理について述べる．図5.1は典型的な金属の電子で占められた準位（斜線部分）とその上の空のエネルギー準位を示す．仕事関数 W は占有されている最も高い準位から金属外部の真空中に電子を取り去るのに要するエネルギーである．また，W' はバンドの底から真空までのエネルギーである．実際の場合，これらの値は表面状態に依存する．なぜならば，通常金属の表面には不純物原子が吸着しており，これらが表面に電気二重層を生ずるので，W に影響を与える．

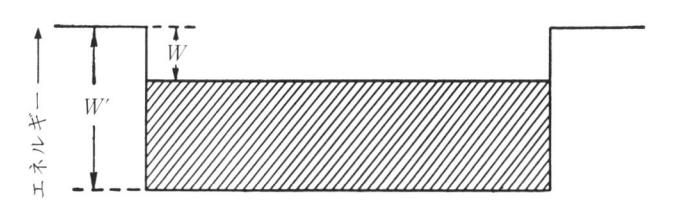

図 5.1　典型的な金属の電子で占有された準位．双極子層を作る表面の障害は両側に描いてある．W は占有された準位の最も上にある電子を金属の外に取り去るのに必要な仕事（エネルギー）であり，仕事関数とよばれる．W' は外部から測った準位の深さである．

　図5.2(a)はドナー準位が伝導帯の直下にある n 型不純物半導体の模型である．図5.2(b)は図4.11で示したような金属中の典型的な電子の準位を示す．ここで，半導体中のドナー準位にある仕事関数 W_s は金属の仕事関数 W_m より小さいと仮定する．これら二つの物質が接合されると，エネルギー的に平衡になろうとするので，図5.3で示すようにドナー準位中の電子の一部が，金属に流入し，この系のエネルギーが減少する．したがって，境界の金属側には負に

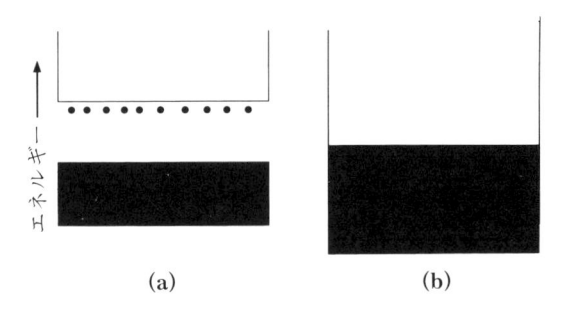

図 5.2 （a）は前章で述べた典型的な n 型半導体の準位を模式的に示し，（b）は図 4.11 で示したのと同様の典型的な金属の準位を示す．

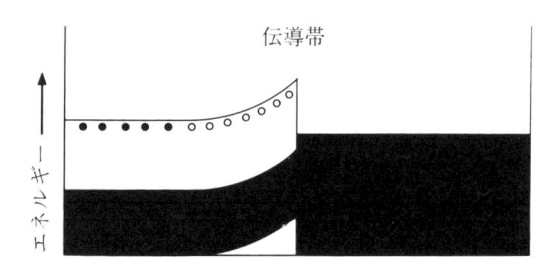

図 5.3 図 5.2 に示した金属と半導体を接触させ，電気的に平衡になったときに生じた接合部の障壁を示す．この場合，接合近くの半導体中の電子は金属へ移動し，半導体には電子の欠乏した空乏層ができる．また，図には描かれていないが，金属の表面近傍では，極めて狭い補償電荷層が生じる．

帯電した層が生じ，逆に半導体側には広い幅で電子が抜け出して，正の空乏層とよばれる層が生ずる．図に示したものは W_s より W_m が大きい場合で，金属側を陰極にすると，半導体側に向かう金属中の電子は急な障害 $W_m - W_s$ と出会う．金属から半導体に流れ込もうとする電子は上述の障害を越えるのに十分なエネルギーを持つよう励起されるか，あるいは波動力学で許されているトンネルによって通り抜けなければならない．この状態が逆転し，半導体が陰極となると電圧のために伝導帯の底のエネルギーは高くなり，半導体中の電子は金属に向かって流れる．空乏層が生じた半導体側の伝導帯の勾配が平らになるので，このときの障害は非常に低い．極端な場合には図 5.4 で示したように完全に平らになり，電子の流れに対して，事実上障害がない．したがって，金属と

5　整流作用の原理　83

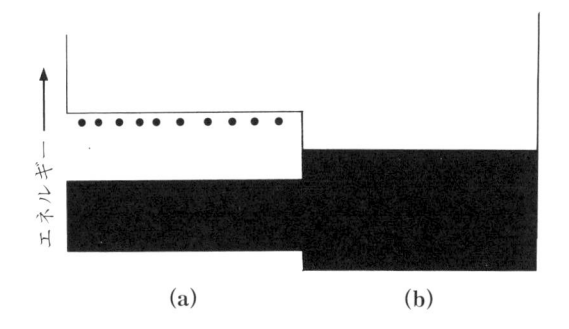

図 5.4　n 型半導体のエネルギーが十分高くなると，電子が半導体から金属に容易に流れる．これは整流接合の順方向状態を表す．

n 型半導体接合の電流-電圧曲線は非対称となるので，整流作用を示す．

　この例は金属-半導体ダイオード整流器の典型例で，この整流作用は金属と半導体が持つ二つの基本的性質と関係している．一つは金属の仕事関数が半導体中のドナーについての仕事関数より大きいことである．一方，半導体の空乏層の幅は金属中の負の電荷層より非常に広いため，平衡状態において生ずる半

図 5.5
モット (Nevill Mott).
　ショックレイと同時に金属-半導体整流の接合模型を提案した (アメリカ物理学会の好意による，Meitner-Graf 撮影).

導体側の空乏層中の電位は外部からの電圧の逆転によって変えることができる．

金属-半導体整流接合の解釈はモット（Nevill F. Mott）とショットキー（Walter Schottoky）により1930年代にそれぞれ独立に研究された．しかし，いろいろな原因から起こる金属-半導体境界での電気二重層が現象を複雑にするので，この理論の厳密な定量化は困難である．

図5.6に金属とp型不純物半導体接合の平衡状態における準位と電荷の分布を模式的に示す．金属中の正電荷(＋)の分布幅は非常に狭く，半導体中の負電荷が比較的広い双極子空間電荷分布となっている．

整流作用は電子や正孔の振る舞いによって説明することができる．ここでは，初めに電子の振る舞いについて述べる．半導体の電位が金属に比べて正であるならば，その価電子帯と準位は金属の準位に比較して低くなり，接合の付近で平らになる．これは境界の金属側の電子が完全には充たされていない半導体の価電子帯に入ることを許し，電子の熱励起の結果，価電子帯の近くにある空のアクセプタ準位に移る．また，正孔の側から見ると，ほぼ充たされた半導体の価電子帯にある正孔が金属の電子で占められた準位に移動することができる．したがって，半導体と金属の間の電位差をさらに正にすれば，電流は大きくなる．

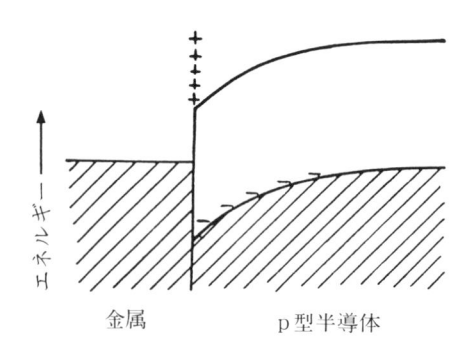

図5.6 金属とp型不純物半導体の間の接触における準位と電荷の平衡分布．金属の占有されたバンドの頂上にある電子が半導体の空になっているアクセプター準位に移って双極子層を作り，電子のエネルギーは低くなる（TerreyとWhitmerの好意による，Crystal Rectifiers誌から引用）．

5 整流作用の原理　85

　金属-半導体接合の相対的電位が逆になるとき，つまり半導体の電位が負になるとき，半導体中の価電子帯と準位は金属中の電子の準位に対して上昇する．このため，金属に接する領域の半導体の価電子帯の勾配は大きくなり，金属-半導体境界を横切る電荷の移動は困難になる．原則として，十分な熱エネルギーを得た半導体の価電子帯の電子は伝導帯に遷移するので，金属の中に遷移できる．しかし，金属から半導体への遷移には，かなり大きな活性化エネルギーを必要とする．まとめると，この系の整流作用は金属-n型半導体接合の反対である．

　ここに述べた基本原理は金属ウィスカー（猫のひげ結晶）の先を半導体に接触させた点接触型素子で得られた結果の解析である．したがって，金属の先から高抵抗の半導体の中に電子が流れ込むと電流分布は縮小するので，現象は非常に複雑になる．

pn 接合

　非常に重要なもう一つの整流素子はシリコンあるいはゲルマニウムのn型とp型の連続的な接合を作ることによって得られる．接合する前の離れたnおよびp型半導体の理想的状態を図5.7に示す．これらの2種の半導体を一体化して電気的に平衡にすると図5.8で示すようにn型半導体の電子はp型半導体に移動して空の準位を充たす．すなわち，n型半導体の電子の欠乏とp型半導体の電子の過剰（またはホール欠乏）を引き起こす．言葉を換えれば静

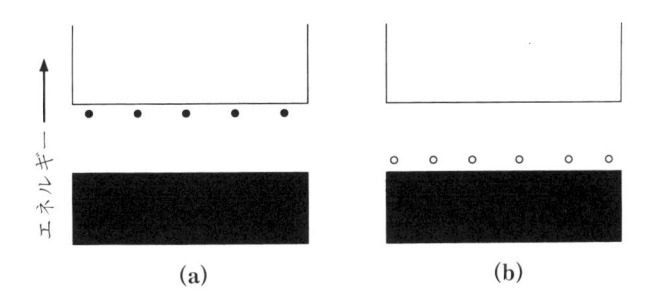

図5.7　接合する前のn型とp型の不純物半導体の占有された準位と占有されていない準位の相対的な位置を示す．

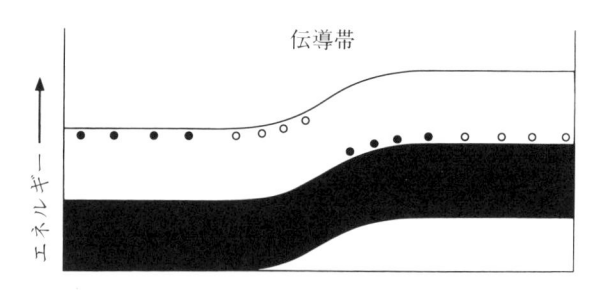

図 5.8 図 5.7 に示した二つの不純物半導体が pn 接合を作ったときの平衡状態．両者のエネルギー準位の相対的な移動によって電子は n 型から p 型側に移動し，幅広い双極子層を作る．

電双極子あるいは空間電荷層が生ずる．n 型半導体中の電子の欠乏および p 型半導体中の過剰電子によるバンドの相対的な幅は添加された不純物原子の相対的な密度に依存する．図 5.8 では pn 接合の形成によって生じた電子と正孔の数を同じにしてあるが，実際の場合は必ずしも同じではない．

　図 5.9 は理想的な pn 接合の電荷分布を異なる見方で示したもので，接触させると右図のように空間電荷層が生ずる．図 5.10 は電圧を印加したときの pn 接合近傍における電子と正孔の移動状況（a）と電子と正孔の電流に対する寄与

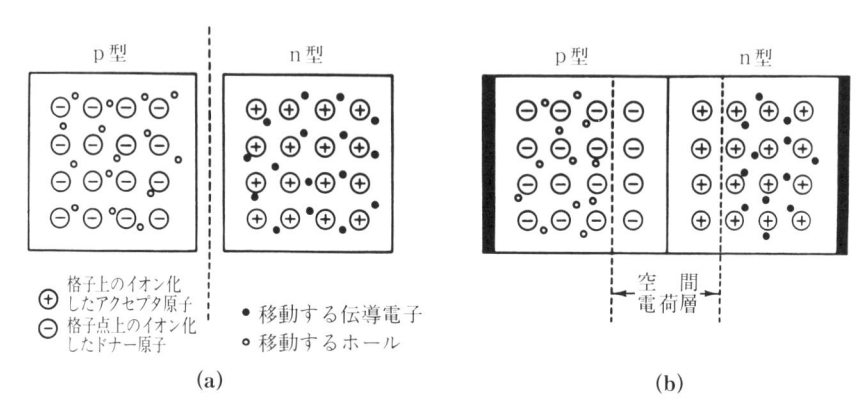

図 5.9 図 5.7 と 5.8 で示した現象を異なる見方から描いた断面図．ただし，p 型および n 型の位置が左右逆になっている．（a）は接合前の電荷分布を示し，（b）は接合後の双極子層（空間電荷層）の形成を示す．

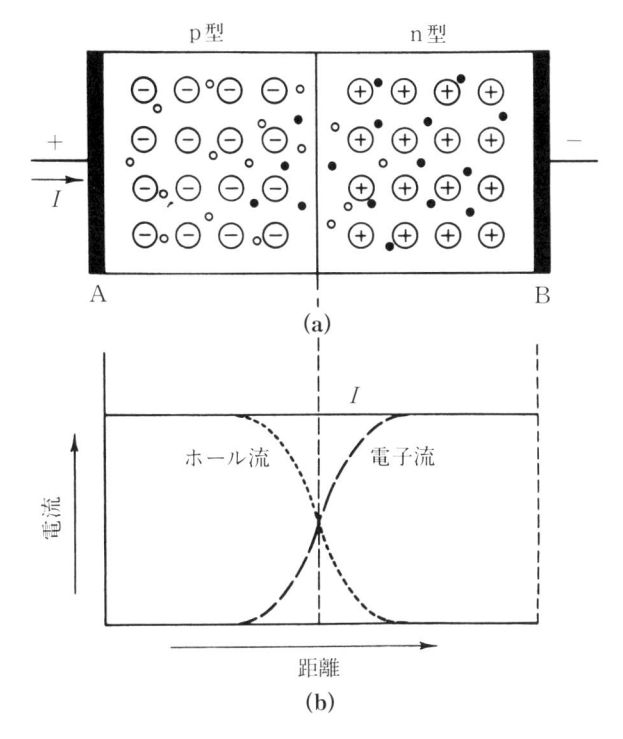

図 5.10 pn 接合の近くの電流の分布を電子と正孔に分けて模式図で示す．

(b)を模式的に示している．図 5.8 に示した n 型領域が上昇するように負の電圧を加えると，電子はこの領域中を左から右へ流れ，正孔は n 型領域に向かって流れる．電圧を逆にすると，実質的な電流に対する障害が増える．これによって，接合が整流の役割を果たす．

電子と正孔の再結合

pn 接合中の n 型半導体の電位を p 型に対して十分負にすると，電子と正孔はそれぞれ反対の向きに動かされ，再結合が可能な双極子層に移動する．再結合によって余分になったエネルギーは格子振動に吸収されるか，熱や光子を生成する．これらのうちどれができるかは材料と以下に述べる因子などに依存す

る．たとえば，非整合な光の瞬時放出の場合には，光の放射を伴う電子-正孔対の再結合に必要な時間が影響する．自由電子でなく，光量子の放出による再結合のような場合には，電子と正孔を含む二つのバンドの構造に依存し，複雑になる．間接遷移とよばれる場合には光量子が格子振動（フォノン）の吸収・放出を伴い，光量子の放出時間が長くなる．他の例では，ポールにより研究された（4章参照）アルカリハライド結晶中のF中心の励起の場合があり，この再結合ではフォノンの吸収・放出などは必要でない．これを直接遷移という．シリコンやゲルマニウムにおける電子と正孔との再結合は間接遷移であり，フォノンを介するので再結合は時間的に比較的ゆっくりしている．これによってトランジスター中の少数キャリアの寿命は長くなる（14章参照）．直接遷移を示すのはガリウム砒素（GaAs）のようなⅢ-Ⅴ化合物である．光の放出を伴う再結合を利用する素子では直接遷移のほうが発光効率が高く，都合がよい．

　最初の実用的な発光ダイオードはホロニァック（N. Holonyak）により1962年に開発された．これは赤色光を放出し，ガリウム砒素（GaAs）の砒素の一部を燐で置き換えたガリウム砒素（GaAs）とガリウム燐（GaP）の混晶（ガリウム砒素燐：GaAsP）である．GaAsPは直接遷移型であるため，電気-光変換効率が高く，実用的であった．

　周期表の第Ⅲ族と第Ⅴ族の元素からなる化合物半導体で作られた各種のダイオードによって広い波長領域の発光を得ることが可能となった．その発光効率は過去30年以上の弛みない研究で増大している．たとえば，青色を放出するインジウム・ガリウム窒化物はさらなる発展の可能性を秘めている．赤橙領域の光を放出するアルミニウム・ガリウム・インジウム燐化合物合金は1キロワットの水銀ランプと同等の1ワット当たり約40ルーメンの発光効率を示す．今日のオプトエレクトロニクスの基礎をつくったこれらの研究の成功は，長年にわたるⅢ-Ⅴ族化合物半導体の幅広い研究が無駄ではなかったことを物語っている．

　電子と正孔はエミッターと接触する半導体閉じこめ層から発光層に注入される．もし，光学的な整合性が良好で，電子と正孔の供給層が発光層より大きなバンド・ギャップを持っている（透明度が高い）ような異なる化合物系があれば非常に都合がよい．たとえば，光学的整合性がない初期の発光ダイオードに

比較して光が放射されやすくなる．14章に述べるキャリア注入理論の発展はこの分野の発展に重要な役割を果たしている．

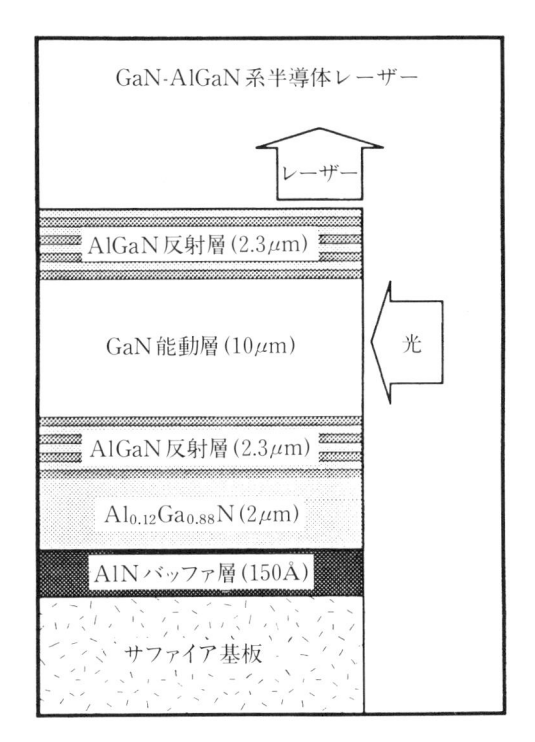

```
┌─────────────────────────────┐
│   GaN-AlGaN系半導体レーザー    │
│          ↑ レーザー           │
│                             │
│   AlGaN 反射層 (2.3μm)       │
│                             │
│   GaN 能動層 (10μm)    ← 光   │
│                             │
│   AlGaN 反射層 (2.3μm)       │
│   Al₀.₁₂Ga₀.₈₈N (2μm)       │
│   AlN バッファ層 (150Å)      │
│   サファイア基板              │
└─────────────────────────────┘
```

図 5.11　窒化ガリウム (GaN) を利用したレーザー・ダイオードの構造を模式的に示す．GaN は 337 nm の近紫外線の照射により励起され，約 335 nm と 380 nm の光を放射する．誘導放射層は Al–Ga–N 化合物からなる二つの反射鏡に挟まれており，サファイア基盤の上に作られている．図中の数字は素子を構成する層の厚さである．

二つの相対する反射板が電子-正孔再結合が起こる領域の中に導入されれば光の増幅が起こり，この系は誘導放射によるレーザー・ダイオードに変わる．図 5.11 に最近開発された窒化ガリウム・レーザーの断面構造を示す．

光起電力効果

　電子を価電子帯から空の伝導帯へ励起できるエネルギーの光をpn接合に照射すると，これらの電荷は双極子による電場で互いに反対の向きに動く．これに電極をつなげて回路にすれば，光照射による誘導電流が生ずる．回路が開いていると一部の電子-正孔対は光の強さに応じて双極子層を横切って電圧を中和する．これによって接合間の電圧が変わる．この現象を光起電力効果という．これは写真の露出計や太陽電池の原理である．

ノート：5

（1） 4章文献（1）参照．

（2） この記述については Nick Holonyak および Turner Hasty に感謝する．

（3） N. Holonyak Jr., D. C. Jillson, and S. F. Bevacqua, "Halogen Vapor Transport and Growth of Epitaxial Layers of Intermetallic Compounds and Compound Mixtures," presented at a conference of the American Institute of Metallurgical Engineers, Los Angeles, Aug. 1961; *Metallurgy of Semiconductor Materials,* vol. 15, ed. J. B. Schroeder (New York: Interscience Publishers, 1962), p. 49; N. Holonyak Jr. and S. F. Bevacqua, "Coherent (Visible) Light Emission from Ga(As$_{1-x}$P$_x$) Junctions," *Applied Physics Letters* 1 (1962): 82.

（4） J. M. Redwing, D. A. S. Loeber, N. G. Anderson, M. A. Tischler, and J. S. Flynn, *Applied Physics Letters* 69, no. 1 (1996): 1. A. V. Nurmikko and R. L. Gunshor, "Physics and Device Science in II-IV Semiconductor Visible Light Emitters," in *Solid State Physics,* vol. 49, ed. H. Ehrenreich and F. Spaepen (New York: Academic Press, 1995), p. 205.

6 レーダーの開発

　シリコンの応用は1930年代のマイクロ波技術とレーダーの発展によってその土台を築いた[1]．レーダーは無線の初期に遡る歴史を持っているが，多くの要因のためにその発展が阻害された．1904年，ヒュルスメヤー（Christian Hülsmeyer）はその当時の電磁波発生器を用い，船のための初歩的ではあるが，使いものになるレーダーを開発した[2]．彼の装置は同じ台の上に据え付けた送信機と受信機の組み合わせで，メーター波を用いた．北海などで，濃霧により頻繁に起こる船の衝突を防ぐ目的を持っていた．ロッテルダム港の実験では，3キロメーター離れた金属船からの明白な反射信号を得た．彼の実験の成功にもかかわらず，当時，ドイツ海軍も民間の船会社もこの技術を発展させる

図6.1
ヒュルスメヤー
（Christian Hülsmeyer）．
　1904年に船舶用の連続波レーザーを開発した．彼は霧による船舶の衝突や港内の混雑による衝突防止に関心があった．システムはかなり有効であったが，適当な経済支援が得られなかった（ドイツ・ミュンヘン博物館の好意による）．

ための助力をしなかった．このため，レーダー技術はその後20年間も放置されたままであった．ヒュルスメヤーの興味と仕事は余りにも世間の認識より早すぎた．

1930年代に巨大な旅客船ノルマンデーが氷山と衝突するのを防ぐため，フランスの技師がヒュルスメヤーの装置を改良した．しかし，波からの反射や海が荒れると役に立たなかった．

基本的技術が積み重ねられ，1922年に再びレーダーの問題が浮かび上がった．ヒュルスメヤーの仕事を引用しないで，マルコーニはラジオ技術者協会の演説で，電磁波の反射による探知機の可能性を話した[3]．このときまでに真空管工業は大きく発達し，多くの人たちがメガヘルツ領域以上のラジオ波を実験していた．そして，比較的大きな金属製物体からの反射を検出することが容易にできるようになった．さらに，自動車のような移動体から反射した電波のドップラー効果による観察も行われた．

レーダーを開発するきっかけになったのは，太陽の放射により作られた電離層の詳細な特性に関する科学的および技術的興味であった．このような科学技術的興味は国際的になり，先進国の多くの研究者が1920年代から1930年代にこの研究に参加した．多くの研究は波長が10メートル（30メガヘルツ）の領域で行われた．たとえば，パルス化された70メートル波を研究したカーネギー研究所（ワシントン）のツベ（M. Tuve）とブライト（G. Breit）の仕事はその当時としては非常に高度な水準にあった[4]．そして，パルス化された70m電波の反射を電子オシロスコープで観測した．彼らの用いたパルスの長さは数ミリ秒程度であった．反射が観測された発信者から受信者までの距離は12キロメーターであった．他の研究者は連続波技術を用いたが，これには反射ビームおよび反射層の高さから反射率の振動数依存率を決める三角法が使われた．

頭上の飛行機からの反射は金属製機体が一般的になってから容易に検出することができるようになった．これはレーダー探知とよばれる軍事的開発を促進した[5]．7章で述べるが，軍事利用に関する関心は英国，フランス，ドイツ，ソ連などのヨーロッパ大国で特に強かった．米国海軍も1930年代半ばには積極的な開発を始めた．

図 6.2
ツウベ(Merle Tuve).
　電離層を研究中，1924年にパルス反響装置をブライトとともに開発した．パルス長は約1ミリ秒で電離層をやっと観測できた．実用的なパルス装置を開発するのに，その後約10年かかった．

図 6.3　ブライト(Gregory Breit, 右端).
　科学の多くの分野に貢献した理論物理学者．彼とツウベは1924年にパルスビームで電離層を最初に研究した．有名な生物学者の孫で，写真の左はダーウィン(Charles G. Darwin)．中央はトーマス(Llewelleyn H. Thomas)である(アメリカ物理学会，Goudsmit Collection の好意による).

6.1　ドイツにおけるレーダーの開発

　レーダー分野を開拓した数人の研究者の一人であるホールマン（Hans E. Hollmann）はマイクロ波技術の先駆者であるばかりでなく，半導体シリコンをエレクトロニクスの分野に再登場させるのに間接的な役割を果たした[1]．彼は初期のラジオの開発に情熱を傾け，また，マイクロ波の開拓者の一人でもあった．ホールマンは1945年までドイツのベルリン近くで種々の仕事に従事していた．終戦後，民生および軍事研究を助けるよう，米国連邦政府から招聘された科学者および技術者のいわゆる「紙ばさみ」グループとして米国に移った．東ドイツに留まればソ連の科学捕虜となる確率が高かったので，ホールマンにとっては唯一つの選択であったようだ．

　それより以前，ホールマンの仕事はヒットラーにより政治・軍事的に注目さ

図6.4
ホールマン（Hans E. Hollmann）．
　高周波電磁放射分野でのパイオニア．彼は1934年から1935年に多分最初の実用的なパルスレーダー装置の開発をした．この装置は波長2.6メーターで駆動された．ホールマンは1945年に米国に移民した（絶版雑誌 Hochfrequenztechnik und Elektroakustik 68, no. 5 [1959]: 141 より引用）．

れ始めたが，1933年以降，当時のドイツ政府の方針に賛同できなくなった．そして，ますます困難な環境の下で政治的な巻き添えになるのを避けるために，兄弟が作った医学エレクトロニクスを専門とする個人企業で研究を続けることに決めた．1935年，彼はドイツで大学に就職できる機会があったが，この時期に大学の教官となるためには国家社会党（ナチ）の党員になる必要があったので断わった．

国際極地探検隊（1932-33）

ホールマンは1920年から1930年代に電子および電磁気研究の全ての分野に深く関わったばかりでなく，1932年〜1933年の国際極地科学探検隊員として，大気のイオン化層とその関連効果を研究するドイツの主要メンバーになった．この仕事で彼はレーダーの実用化の可能性が高いことを知った．もっとも，レーダーという言葉は1940年まで一般化されていなかった．彼はノルウェーでかなりよく整備された研究所を前もって準備させた．彼の研究が進むにつれ，装置の改善も進んだ．その結果，彼以前に完成したどの装置よりも十分短いマイクロ秒パルス発生装置を開発した．彼はイオン層から良好な反射を得ただけではなく，電子オシロスコープ上に周囲の地形の様子を表すことにも成功した．

最初のパルスレーダー

極地探検隊から帰ったホールマンは115メガヘルツ（2.6メーター）で作動するドイツの標準パルスレーダー装置の工業的開発に参加した．ただし，彼は電子音響学・機械受信機協会（GEMA: Gesellschaft für Elektro-Akustik und Mechanischer Apparat）を通じて働いた．

ホールマンは1930年半ばにマイクロ波分野から離れ，また，政治・軍事的問題からも離れ，軍の保護も受けなかった．彼は国家社会党（ナチ）に好意を持たなかったために，軍のほうも彼を避けたようだ．彼は戦争と空襲下では一市民として，また，後にフォン・アルデンネ（Manfred von Ardenne）と一緒に個人的に働いた．フォン・アルデンネは自分の電子研究所を持ち，夜でも

雲の中でも航空機を探知できるマイクロ波レーダー装置を開発した．

戦時中の状況

1942年，ホールマンはフィルム業界が資金を出して新しく設立した無線および音響フィルム工業研究所の主任技師となった．ここでは，政府から委託された範囲内なら大部分彼自身の選択で自由に研究できた．また，高度のマイクロ波研究は機密保持の対象外だった．ドイツに占領された国々で，ドイツ政府の政策内で多くの研究グループに資金的援助をすることができた．たとえばオランダのライデンにあるカメリン・オンネス研究所には，種々の温度の写真フィルムの現像速度の研究について支援を与えた．第二次世界大戦中のドイツにおける原子炉に関する研究を調査した占領軍調査班のゴードシュミット（Samuel A. Goudsmit）は，マサチュセッツ工科大学（MIT）で一緒に仕事をした親しいロビンソンの示唆で，1945年の晩夏にベルリンのホールマンに会った[(2)]．ゴードシュミットの調査によれば，ホールマン兄弟の会社のドイツ

図6.5
ゴードシュミット
(Samuel A. Goudsmit).
　1944年ヨーロッパに派遣され，ドイツの原子核分裂に関する研究開発の経過を調査したアルソス調査団の科学班長．彼は1945年8月にホールマンに会って，戦時中における実験の様子を聞いた(アメリカ物理学会の好意による)．

人技師のほとんどは軍に召集されたか，あるいは軍の研究所に送られ，この会社は終わりを遂げていたという．

高周波技術についてのホールマンの著書

　ホールマンは活動の中心であったマイクロ波研究から離れる前に高周波技術に関する 2 巻の本「Physik und Technik der Ultrakurzen Wellen（超短波の物理と技術）」を書いた[3]．この本は 1936 年にシュプリンガー社から出版されたが，そのときはそれほど高く評価されなかった．その後，第二次世界大戦勃発以前の重要な著書となった．この本でホールマンは当時の最新技術および歴史的な発展の様子を全て述べた．ドイツ語であるという問題は別として，米国の技術系大学図書館ではほとんど見かけられない．その理由は二つあり，シュプリンガー社の本が一般に非常に高価であるということと，ヒットラーの時代にはドイツの製品をボイコットする傾向があったためである．実際，2 巻のうち 1 巻は第二次世界大戦中に敵国財産としてアメリカ政府の管理下で複製された．複製版の 2 巻のうち，1 巻は米国国会図書館にある．スタンフォード大学工学図書館も複製を持っている．これは 1930 年代にスタンフォード大学で研究・改良されたクライストロン周辺技術への興味の結果と思われる．

多空洞型マグネトロン

　多空洞型マグネトロンの重要性と可能性は英国，オランダ，フランス，ソ連，その後の米国での研究の結果として明らかになり，1930 年代半ばに評価され出した．結果として，ホールマンの仕事は第二次世界大戦中の高出力マイクロ波レーダーの開発に重要な役割を果たした技術を終戦後工業的に利用する道を拓いた．ホールマンはハーバン管と名付けた円筒型の分割陽極型マグネトロンの開発に力を注いだ．したがって，この管については彼が最も豊富な知識を持っていた．

> # Physik und Technik der
> # ultrakurzen Wellen
>
> Von
>
> **H. E. Hollmann**
> Dr.-Ing.
>
> Zweiter Band
> **Die ultrakurzen Wellen
> in der Technik**
>
> Mit 283 Textabbildungen
>
> Berlin
> Verlag von Julius Springer
> 1936

図6.6 1936年に出版された高周波放射に関するホールマンの著書第2巻のタイトルページ.
　この本は当時のどの本よりも進んだ内容であった．ドイツ軍の急速な装備改良に関心がある研究者たちには脅威に感じられた(Franco Bassani Gianfranco Chiarottiの好意による)．

鉱石検波器

　歴史的な再探索の目的でホールマンは彼の本の第2巻で超短波の物理と工業について語っているが，検波着受信の節で次のように述べている．「現在の技術を用いて超高周波で働く最も簡単な整流器と波長表示器は鉱石検波器である」[4]．それから，彼が実験した比較的簡単な点接触型検出器の使い方について述べ，その有用性と限界を力説している．特に，青銅あるいは鉄のウィスカー（ひげ結晶）とパーライト（FeS_2）結晶の組み合わせを述べている．接触容量を減らすために非常に細いウィスカーをダイオードに使ったことと，ウィスカーを用いれば結晶の非常に敏感な領域を探すことができる利点を強調している．前述のように，彼らがレーダー受信用のヘテロダイン混合器として実際にシリコン（またはゲルマニウム）点接触型整流器と同様のものを使用したという証拠はない．それにもかかわらず，6.4節でわかるように，低容量の点接触結晶整流器を使うことに向けられたホールマンの努力が，このような装置の利用を，もっと一般的にすることを提案したロビンソン（Denis Robinson）を刺激したことは疑いない．

シリコンの再登場

　1938年に驚くべき論文が公開された．ホールマンの出版に影響を受けたと思われるロットガルト（Jurgen Rottgardt）は当時ベルリンのドイツ空軍研究所の電子物理学研究所に雇われていた．彼はマイクロ波領域で使うためのウィスカーと結晶整流器の組み合わせについて多くの研究結果を発表した．そして，「シリコンとタングステンの組み合わせは短波長で使える整流器の製造に非常に有利である」との結論を下した[5]．ロットガルトの研究は50〜1.4センチメーター波長領域で行われた．ただし，シリコンの品質については工業用なのか試薬品なのか，何も述べられていない．この論文は長い間引用されないままに埋もれていたようであるが，ルール大学のボッシュ（Berthold Bosch）により最近発見された．この分野の注目する研究の一つである．ロットガルトの研究はその後追跡実験されていた．この追跡研究では，シリコン-タングス

テンの組み合わせに焦点を当て，共同研究者のクルンプ（H. Klumb）によって行われた[6]．ただし，ここでもシリコンの純度等が述べられていない．

　シリコン・ダイオードについてのロットガルトとクルンプの重要な研究がドイツ軍レーダーを管理している彼らにより，なぜそんなに簡単に発表できたのであろうか．高周波工学についてのホールマンの本の第2巻に対する機密保持の厳重さから見ると考えられない．カーネギー研究所のブラウン（Louis Brown）が考えたように，答えは多分簡単なものである．すなわち，1930年代後期にドイツ軍のレーダーの研究に携わっていた人たちは結晶ダイオードを使ってみたが，単なる測定機器とみなし，レーダーに必要な回路素子とは考えていなかった[7]．フランスや英国とは違って，彼らはこのようなダイオードがヘテロダイン混合器として必要なセンチメーター領域の高出力発信器になることを考えず，その評価も可能性の探究もしていなかった．ドイツ軍のレーダー計画に関わった人の中に，ホールマンのマイクロ波発生に先見性を認めた者がいなかったのは明らかである．また，センチメーター領域で強力な発信器を探索しようとする人もいなかった．

1930年代末から1945年にかけてのドイツのレーダー

　撃ち落とされた連合軍の飛行機から取り出されたレーダー機器を調べた結果浮かび上がったのは，英国と米国のレーダー開発が著しく進んでいたことである．第二次世界大戦の終末近くまで比較的遅かったドイツのレーダー開発もこれをきっかけに進み始めた．これより前は50センチメーターの波長（600 MHz）を用いた機器が砲撃の照準に使われたに過ぎなかった．したがって，短い波長で動作する機器を戦時中に十分使いこなすには研究開発が遅すぎた．

　1930年代末期から1945年まで，マイクロ波の発生と検知の研究はほとんどジーメンス電気会社やテレフンケンのような企業および陸軍研究所，ドイツ空軍研究所内で進められた．しかし，ヒットラーは全ての者は通常の軍隊で仕えねばならないと強く主張したので，若くて頭のよい科学者や技術者はあまりいなかった．彼は指導者として非常に大きな過ちを犯した．それでも，ビュル（W. Bül），マタレ（Herbert Mataré），ザイラー（Karl Seiler），ウェルカー（Heinrich Welker）などの研究と少人数のスタッフでかなりの研究をしてい

た[8]．たとえば，ウェルカーは後にガリウム砒素のような周期表の第III族と第V族の元素の化合物半導体の研究でよく知られた人だが，1941～42年という早い時期に高性能の検出器とゲルマニウム混合器を作った．ザイラーと彼のグループは1942年にシリコンとゲルマニウムの電子準位のギャップを発見した．しかし，電子デバイスの開拓者であるグッデン（B. Gudden）はSiとGeは金属だと言い張ったため，残念ながら彼らは論文にエネルギー・ギャップの存在をはっきりと述べられなかった．

軍の態度

ボッシュ（Berthold Bosch）教授が65歳の誕生日を記念して1994年に書いたエッセイの中で，最初にドイツの戦闘機にレーダーを搭載することに反対したのはゲーリング元帥（Hermann Göring）であったと述べている．ゲーリング元帥はドイツ空軍の父と見なされる人である．彼は戦闘機パイロットの監視能力のほうが電子観測装置より勝っていると信じていた．ゲーリングは「映画ではない」と主張した[9]．彼は第一次世界大戦中の操縦席が開放型の戦闘機パイロットで，技術の進歩の度合いや最新の戦争が意味するものを理解していなかった．環境が変わり，戦争末期には彼の意見も変わった．急激な変化は1943年2月に墜落した連合軍の飛行機から10センチメーター・マグネトロンが使われているレーダー装置を回収したときに起こった．ゲーリングはこの性能の早急な調査を命ずると同時に，1500名ほどの技術的に訓練された兵士を戦闘部隊から呼び戻した．夏までに初歩的なコピー装置を試験し，夜間や悪天候における市街地の爆撃や潜水艦に対して，この装置が十分な能力を示すことを確かめた．さらに，同じような装置を捕虜を使って急いで作った．後に，このことが彼に対するニュールンベルグ裁判での告訴要因となった．

1940年，フォン・アルデンネ（Manfred von Aldenne）はホールマン（Hans Hollmann）の仲介で，ゲーリングを訪問し，敵の爆撃の場合に防御的に使えるマイクロ波レーダーの製造を研究したいと述べた．当時，ドイツは優勢な状態にあったのでゲーリングは戦争は事実上終わったと手を振った．しかし，1943年，ドイツ人が恐れていた爆撃がひどくなり，フォン・アルデンネは家族の古い友人である海軍のエレクトロニクスを指揮する海軍大将に会い，

図 6.7
フォン・アルデンネ
(Manfred von Ardenne).
　ベルリンで非常に生産的な電子研究所を個人経営していた．彼はラジオ，テレビ，電子顕微鏡の初期の発展に指導的役割を演じた(von Ardenne の好意による)．

図 6.8
ラムザウアー(Karl Ramsauer).
　1943年，ドイツの国家社会党政府は科学と科学社会について理解していないと非難した勇気ある科学者(ドイツ博物館の好意による)．

同様の提案をした．驚いたことに，このときもむげなく断られた．明らかに，その当時の官僚は一般の科学者との提携を好まなかった．

　これに関して，著名なドイツの物理学者であるラムザウアー（Karl Ramsauer）は1943年5月に宣伝相であるゲッベルス（Paul Göbbels）を訪問し，「連合国は物理および化学とその関連技術の能力を非常に利用した結果，ドイツを圧倒した．これに対して，ドイツ政府は自国の有能な科学者を10年も働かせることをしなかったので，今その代償を払っている」，と勇気をもって進言した．ラムザウアーがゲッベルスに「あなたは政府の無能な連中には期待できないが，すばらしい結果を与える研究には期待できる」といった，とゲッベルスの日記に書かれている[10]．

6.2 フランスにおけるレーダーの開発

　1939年以前のフランスとレーダーとの関わりはドイツにおける発展と同様であった[1]．1930年代初期の興味は通過する航空機を探知する電磁フェンスや警戒線などを対象にした連続波装置の開発であった．パルス装置の勝っていることが明らかになるまで，英国も同じような連続波のバリアーを持ったレーダー探知網を開発していた．フランスの先導的な研究者はポント（Maurice Ponte），ギュトン（Henri Gutton），バーラン（Sylvain Berline），およびユーゴン（M. Hugon）で，1931年にメズニー（R. Mesny）とダヴィ（Pierre David）が最初に報告した航空機からのラジオ波の反射を追試していた．その後，この研究はマグネトロンの研究に焦点を合わせたデシメーター（16 cm）波長におけるパルス装置の研究に変わっていった．

　ジラルドー（Emile Girardeau）は著書 Souvenirs de longue vie（長き人生の贈物）で，フランスのチームは1934年〜1935年にリブメーター領域の放射

図6.9
ポント（Maurice Ponte）．
　フランスにおける空洞型マグネトロン研究の指導者．1940年5月初め，フランスがドイツに降伏する直前に彼の研究したマグネトロンを英国に運びこんだ（アーグレンおよびパリ科学アカデミーの好意による）．

を研究しており，この時期と1940年5月の間にわたるフランスの貢献は不当に評価されていると以下のように述べている．

フランスの指導的科学技術者の一人であるエーグラン（Pierre Aigrain）に棒げるために：

　私自身の感じでは，フランスの科学者および技術者がレーダーの将来の発展のために最も重要な貢献をしたのは，ポント，ギュトン，バーラン，ユーゴンの初期のマグネトロン開発である．はじめの単純な円筒陽極から分割陽極型，次にインターディジタル陽極型，さらに1940年には空洞型マグネトロンを作った．空洞型は明らかにインターディジタル陽極型から発展したものである．ポントは後にC.S.F.社の社長になったが，彼の最も重要な貢献は彼らのプロトタイプ（原型）をドイツ軍が侵入する前の1940年5月終わりに英国に運んだことである．ドイツ軍の手に渡らず，また，英国は将来の改良のための出発点として使うことができた．

　実際，1935年という早い時期に，単純な構造なのに操作しにくい低効率のレーダーであったが，有名な定期船ノルマンデー号上に氷山探知器として設置した．これは多分，波長16 cmで作動するインターディジタル陽極型マグネトロンであったと思う（アンテビーの本の166ページの写真）[2]．

マグネトロンの発展の過程で，フランスで作られ，フランスの降伏直前に英国に移された大面積酸素被覆陰極は特筆すべきものである．これは高出力で，センチメーター波長の多空洞型マグネトロンの技術を発展させる非常に大きな役割を演じた[3]．大面積陰極は高出力のパルスを放出することができた．さらに陰極からの二次放出は高出力の放射を可能にする重要な役割を演じた．フランスの貴重なマグネトロンを携えたポントの英国への出立は1940年5月8日で，パリが陥落する直前のぎりぎりのときであった．

ダヴィは英国がマイクロ波レーダーの発展に献身的な努力をしたことを賞賛した[4]．英国のいくつかの業績の中で高感度の鉱石検波器を挙げた．すなわち，フランスの研究者が1940年春以前に使っていた鉱石検波器は英国で開発

されたものより感度が非常に低かった．

　ホールマンの業績の中で，フリュハオフ（H. Frühauf）は空洞マグネトロンの初期の仕事の多くはオランダにあるフィリップスのアイントホーヘン研究所で行われたと述べている．フランス電気通信研究所の専門家はフィリップスと緊密な関係を持っており，この分野のフランス特許となった[5]．ホールマンはこの仕事を前の章で述べた GEMA 社ではない他のドイツ企業で続けていた．

6.3 ソ連のレーダー開発

軍事装置を運ぶために戦時中のソ連を訪問した米国の研究者たちは，送られたレーダー部品がソ連の優秀な技術者たちにより組み立てられ，電光石火の速さで使えるようになったと報告している．これは技術に非常な興味を持ちながら，戦時中の物資不足と多分スターリンによる追放のために発明と生産が制限されていたとき，レーダーは軍と民間の大きな刺激となった．

多空洞型マグネトロン

アレクセーエフ（N.F. Alekseev）とマルヤロフ（D.D. Malyarov）に率いられたチームは1940年代に注目される論文を発表した．この論文は1930年半ばに始まった空洞型マグネトロンの重要な研究計画を述べていた[1]．彼らはか

図 6.10
ヨッフェ（A. F. Ioffe）．
　レニングラードの物理技術研究所の所長．エレクトロニクス，固体物理，固体化学を含む多くの応用分野の発展に寄与した（アメリカ物理学会の好意による）．

なり強力な水冷装置を作り，この装置の特性と実用性を示し，9センチメートーの波長で300ワットの出力レベルを達成した．ロシア語の技術雑誌に発表された彼らの論文は，ゼネラルエレクトリック社（GE）の電子技術者により見出されて英語に翻訳され，1944年にアメリカの雑誌に発表された．操作の条件を決めるとき，中央空洞の大きさに合うように作られた大面積の酸素被覆陰極が使われた．西側の連合軍により開発されたマグネトロンはソ連の十倍もの出力があったが，1940年当時のソ連の状況を考えると注目すべきものであった．

英国の研究者が空洞型マグネトロンの有効性に関する情報はどんなものでも最高機密と考えていたときに，上述のソ連の詳細な論文が発表された．もし，英国の研究者がソ連の研究状況を知っていたならば，彼らは明らかに公にはしなかったであろう．

図 6.11　1930年代および第二次世界大戦中に先進的なレーダー・システムの研究と開発を行ったソ連チーム．このグループは1940年に公表された論文に書かれている空洞型マグネトロンを開発した．前列右から左へマルヤロフ，シサント，ミドロギン，後列フラジン，ギレヴィッチ，アレクセーエフ(Zhores Alferov と Robert Cahn, Freelance Photographic Service, Somersham Huntingdon の好意による)．

6 レーダーの開発　111

　この論文で技術が公知になったので，もし，ドイツの指導者がセンチメーター領域にレーダーの研究を拡大するよう動機づけられていたならば，ドイツの技術スタッフも空洞型マグネトロンの研究に取りかかったかもしれない．この論文が発表されたとき，ドイツとソ連の指導者は同盟関係にあったが，その協定がどれほど有効であったかを知ることは困難である．

　1940年にクルンプ（H. Klumb）により発表された論文の中で，著者が手に入れた分割陽極型マグネトロンと同様の装置で発生を試みたが，波長がセンチメーターの領域の放射の強度は非常に低かった[2]．この頃，ドイツの研究者はソ連の研究をよく知らず，ソ連の技術文献を検討することがなかった．前述したように，1943年に墜落した連合軍の爆撃機から回収されるまで，ドイツ人は空洞型マグネトロンの威力を知らなかった．

アルフェロフの手紙

　セントペータースブルグにあるヨッフェ物理技術研究所・所長であり，ロシア科学アカデミーの副会長であるアルフェロフ（Zhores I. Alferov）は第二次世界大戦前のソ連のマイクロ波開発の状況について，多くを明らかにしている．彼の手紙の1通には次のように書かれている．

　　　わたしは真空管のエレクトロニクスに関する教育を受けたが，1951年，学生であったとき半導体の研究を始めた．その頃マルヤロフ（D. Malyarov）とアレクセーエフ（N. Alekseev）が進めていた高出力多空洞型マグネトロンの研究に深く感銘したのを覚えている．この研究のアイディアはわが国の一般的な放射エレクトロニクスのパイオニアであったボンチ-ブルエヴィッチ（M. A. Bontch-Bruevitch）教授の研究に基づいていた．マルヤロフは彼の弟子であった．彼らは第9研究所（NII-9）で研究をしていたが，ここはレニングラード電子物理研究所と関係があり，1935年に作られた秘密研究所であった．この研究所は科学者であるチェルニシェフ（A. A. Tchernyshev）が創設し，ヨッフェが副所長で，1931年にわれわれの物理技術研究所から独立したものである．最初のパルス・レーダー・システムは1930年代半ばにロザンスキー（A. A. Rozhansky）教授，コブザレフ（Yu. B. Kobzarev）に

よりヨッフェ研究所で作られた．彼らはレニングラード郊外のコクソフに最初のレーダー基地を建設し，レニングラード籠城中もうまく稼働していた[3]．

アルフェロフと3名の協力者は1969年までのレニングラード物理技術研究所の半導体研究史を調べ，歴史的に価値のある論文を見出している[4]．この研究所は明らかにエレクトロニクスとこれに関係した研究開発の創造の泉であった．このような研究所はロシア革命以前の指導的科学者であるネメノフ（M. F. Nemenov）により構想されたが，ネメノフが生産センターとして立ち上げたとき，すなわち，ロシア革命後まで政府の適切な支援を得られなかった．

ネメノフの個人的な興味はX線の医学的応用にあった．そのためレントゲンの下で勉強した幅広い経験のある物理学者ヨッフェを師に選んだ．その後，創立時の研究所の活動は三つの研究所に分かれた．ヨッフェはその一つの研究所長となり，探索と応用の両分野で物理と化学の問題に没頭した．ヨッフェの影響はレーダーを含むエレクトロニクスの多くの分野の活動に及んだ．

ヨッフェは所長に就任後すぐにセリウム，酸化銅などの半導体の研究を多く行ったが，ゲルマニウムおよびシリコンへの興味とガリウム砒素のようなIII-V化合物の研究は戦後に始めた．このとき，ヨッフェとその協力者は世界の科学界でのこの分野の主役となっていた．

レーダーに関するソ連の研究はヨッフェ研究所の研究部で成長し，種々の振動数のラジオ波の発生と受信を含め，真空管エレクトロニクスの数々の分野に広がっていった．この研究部は他の研究も行ったが，1920年代にその生命を得てから，国家的仕事として特別の真空管も製造した．

6.4 英国のレーダー開発

　ドイツにおけるマイクロ波の研究は軍用の初歩的なレーダーの開発以後先細りになっていった[1]．一方，その当時の米国では，大学および通信器工業による基礎的研究の分野として取り扱われたに過ぎなかった．たとえば，スタンフォード大学では核加速器中で使用が可能な初期のクライストロンを開発した．しかし，英国政府はドイツの大軍備の可能性を秘める脅威，特にドイツの爆撃機の急速な開発を気遣っていた．これに対抗するためには戦闘機にレーダーを備える必要があり，1937年，できる限りの技術力をこの分野に注ぐことを決めた．戦闘機へ搭載するために分解能と小型化が求められ，波長がセンチメーター領域のパルス放射を基本にする装置の開発を目標とした．

マグネトロンの開発

　英国は秘密裡に小型で強力な多空洞型マグネトロンの開発に全力をあげた．非常に優れた設計と亡命したフランス技術陣の協力により，他国のマグネトロン研究者が到達しているレベルより短い波長で，しかもパルス出力が非常に大きい装置の開発に成功した．これらの開発を遂行するため，電信研究所（Telecommunication Research Establishment, TRE）が設立された．1935年に設立されたティザード（Henry Tizard）を委員長とする政府の高級委員会の指導の下に研究所は作られた[2]．彼は国内の先端科学に携わる研究者を集めた．

　英国の科学・技術分野の指導者は実戦用のレーダーを開発するために，必要に応じて，政府の援助の下に特殊な方法で英連合軍に参加した．また，できるだけ早く結果を出すため，設備と資金を準備をした．研究者が研究に取り組む方法は個人の自由を十分に認めた反面，緊急な状況のため，彼らの研究の手がかりとして，研究者間の交流や協力を要求した．

　これらの状況をさらによく把握するためには，レーダーに関するゲールラック（Henry Guerlac）の著書の第6章を読むとよい[3]．委員長のティザードの

図 6.12
ティザード (Henry Tizard).
第一次および第二次世界大戦のオペレーション・リサーチの指導者. 1935年に電信研究所創設計画の委員長となり, 先進レーダー・システムの発展に尽くした.

他に多くの優秀なスタッフが集まった. この中には, ティザード, ブラッケット (Patrick Blackett), ブート (Henry A. H. Boot), ボーエン (Edward G. Bowen), コッククロフト (John D. Cockcroft), ヒル (Archibald V. Hill), ルイス (Wilfred Bennet Lewis), リンデマン (Frederick A. Lindemann), オリファント (Mark L. E. Oliphant), ローエ (A. P. Rowe), ランダール (John T. Randall), ワトソン-ワット (Robert Watson-Watt), ウイルキンス (Arnold F. Wilkins) のような卓越した人達がいた.

チャーチル首相の顧問であったリンデマン, 国立物理研究所のラジオ部の部長であるワトソン-ワットがおり, 彼らは政府の地位を保ったままで参画した. また, ほとんどの人は研究所の出身で, それぞれの分野での仕事を通して, すでにかなり認められた人たちであった.

外見上, コヒーレントな状態での電子の空間電荷の扱いを含むマグネトロン動作の最初のわかりやすい理論は, このデバイスの初期の研究の多くを行っていたアイントホーヘン (Philips Eindhoven) 研究所のオランダ人技術者ポストフームス (K. Posthumus) であった. この時代, 巡回する空間電荷の電子

6 レーダーの開発　115

の集合的性質に関係した議論は少なかった．

ロビンソンとスキナー

　英国の人的資源は限られてはいたが，中身は濃かった．しかし，ティザードは第一次世界大戦中にオペレーション・リサーチで多くの経験をし，かなり重要で特殊なプロジェクトを経験した．そこで，小さな会社の研究グループまたは大学の研究所の特別才能のある個人やグループに仕事を請け負わせることを学んだ．1939年，英国の民間企業（スコフォニー・テレビジョン研究所）で働いていた英国の電気技術者ロビンソンは商業製品用のオーディオとビデオの電子工学に関する研究と装置開発を行っていた．そこからスコットランドのダンディーにある研究所に英国政府から派遣され，秘密の仕事に携わった．その研究所で，彼は実現可能な10センチメーター・マイクロ波源の受信器の回路を開発するよう頼まれた．その後，彼はコッツウォルドのグレート・マルバーンに集められた電信研究所の分室で仕事をすることになった．ロビンソン（Denis Robinson）は約50年後の1991年に次のように回想している．

図 6.13
ロビンソン（Denis M. Robinson）．
　第二次世界大戦前の1930年代，商業テレビの発展に尽くした英国の電子技術者．彼はレーダーの研究をするため電気通信研究所の職員となったが最初は外部職員だった．著者はこの写真をコンピューター処理して作ったロックフェラー大学のエヴァソン（R. Everson）に感謝する．この写真の元となったものはラジエイション研究所で第二次世界大戦中に5年間掲げられていた．

私は試作された受信機を見て，非常に感銘した．コイルは非常に小さくなり，回路部品の多くが真空管の中に収められてしまった．そのため，我々は全く新しい研究をしなければならないことを知った．

　　　私は図書館に行き，そこに釘付けとなった．幸運にもドイツ語で書かれたシュプリンガー出版社の「Hochfrequenzentechnik（高周波技術）」という小さな本を見つけた．それはトーマ（Thoma）という人の本で，彼は南ドイツのそれほど有名でない大学の教授であった．トーマは高周波技術が戦争などの目的に使われることなどは全く考えないで，全てを詳しく述べた後，「次に来る発展はなんであろう」と述べている．私の前を歩いた研究者たちはヘルツの仕事をした．だからこの本の内容までわかった．彼はすべての現象を優秀なドイツの教授のように理解した．彼はこの本でオームの法則から学び直した．彼は考えを進め，束管や真空管，あるいはそれに近いものを使った受信機の将来を否定した．彼は「これらはわれわれが目的とするものより大きな自己容量を持っている」と考えた．彼はついに「受信機として使えるただ一つの物は鉱石結晶とウィスカーである」という結論に達した．これを読んで，わたしは10年ほど前に鉱石検波器を使ったことがあったので，うれしかった．そこで，わたしはルイス（W. B. Lewis）のところに戻って「これ見たまえ．これだよ」とルイスのためにマークしたページを見せた．もちろん，ルイスはドイツ語の読解力があった．そして，ルイスが言った「始めよう！」(4)．

　換言すれば，ロビンソンはヘテロダイン回路中の混合器として可能性のある真空管を使用しなかった．この真空管はレーダーパルスからの帰ってきた信号を，もっと低い周波数で動作する増幅器の増幅のために実用的な範囲で使えるものだった．しかし，彼は天才的であるばかりでなく，「よく準備された心」を持っていた．彼の最も望んでいたことを満足させるドイツの文献の中味を端的にまとめれば，将来のヘテロダイン回路中の非線形素子としては，整流特性を持つ，ウィスカー結晶を使ったダイオードが最もよいということである．

　1937年から第二次世界大戦の終わりの間，電信研究所でほとんど専属で働いていた研究者たちの活動に主な焦点を合わせたカリック（Callick）の著書「Metres to Microwaves」ではロビンソンについて述べられていない(5)．彼に

6 レーダーの開発　117

触れなかったのは，1941年の夏にロビンソンがMITのラジエイション研究所に移り，戦時中の研究を終えたためであろう．さらに，カリックはオリファント（M. L. E. Oliphant）がセンチメーター領域の鉱石検波器の重要性を発見したことを評価している．これはそれほど驚くべきことではない．というのはロビンソンはオリファントの後輩に当たり，ロビンソンはオリファントに報告していたためである．一方，スキナー（H. W. B. Skinner）のダイオードや他の材料の研究については適切な評価を与えている．

　ロビンソンはスキナーを共同研究者としていた．スキナーはモット（N. F. Mott）の指導下で固体物理の国際的な中心になっているブリストル大学にいたが，今はTREにいる[6]．彼らが入手できた全ての物質を用い，結晶とウィスカーのたくさんの組み合わせを試みた結果，金属工業的品質の金属シリコンとタングステン線の組み合わせがただ一つ目的を満足する組み合わせであった．それから装置の製造を引き継いだスキナーは1948年に書かれたノートで

図6.14　オリファント(Mark E. Oliphant，中央)．
　第二次世界大戦初期の電気通信研究所の指導者的地位にあったオーストラリアの物理学者．写真左はディーケ(G. H. Dieke)，右はラスムーセン(E. R. Rasmussen)．

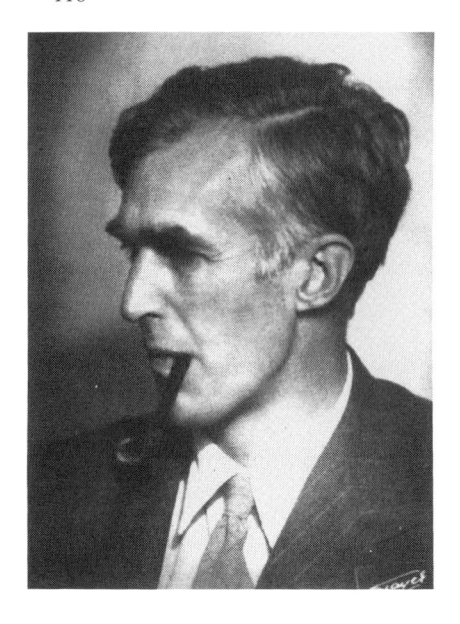

図 6.15
スキナー（H. W. B. Skinner）．
　ロビンソンが協力を申し入れた研究者．ロビンソンが火急のレーダー問題に関わったとき，結晶ダイオード研究計画を継承した．

「シリコン以外の物質では成功しなかった」と述べている[7]．スキナーはロットガルトとクランプの重要な研究をよく知っていた可能性がある．ただし，この時期のどのサイエンス・アブストラクトもロットガルトの論文を引用していないので，見落とされたのかも知れない．

　結晶ダイオードを使う必要があるとロビンソンが決めた後，点接触シリコン整流器の実用分野開発でのスキナーの役割は，バーミンガム大学のバーチャム（W. E. Burcham）によって書かれた下記の手紙で明らかに示されている．

　　　実用の面で見たブレークスルーは 1940 年 7 月 16 日，スキナーがシリコンとタングステンの線を溶接することに成功し，さらに，シリコンとタングステン線の点接触が振動するのを抑制するために粘性液体で満たしたガラスの中に封入したときである．これらのガラスに封入された結晶は BTH（British Thomson-Houston）社により商業用に作られたカプセルに取り換えられるまで，レーダー装置の試験飛行に使われた．BTH 社の開発はオリファントの支援によるもので，バーミンガムの彼のグループはクライストロンによるセンチメーター・レーダーを組み立てた[8]．

このとき，ロビンソンは 50 センチメーター・マイクロ波放射による他の急を要するレーダー開発プロジェクトの指導に当たっていた．

13 章で議論するように，このすばらしいタングステン-シリコン・ダイオードはベル電話研究所のオール（R. S. Ohl）によって，マイクロ波の研究と関連して独立に発見された．

マイクロ波範囲で良好な整流特性を示す Si-W ダイオードの技術は多くの研究者によって研究され，それぞれ独立に発見された．多分，成分の化学的，熱的，力学的安定性を含むいくつかの要因があろう．たとえば，力学的方法でタングステンをシリコンに押しつけたとき，硬いタングステン・ウィスカーはシリコンの表面に存在する酸化膜を破り，物理・化学的にシリコンとよい接触をすると思われる．

タングステンは n 型シリコンより p 型シリコンとの組み合わせでよい整流器を作る．ゲルマニウムに対しては逆であることがシリコン・ダイオードの戦時研究中に見つかった[9]．n 型ゲルマニウムがタングステンと電気的に平衡になると，電子がタングステンに流れ込み（図 5.3 参照），良好な整流には両者の間にかなり大きな障壁を作らねばならない．換言すれば，電荷の平衡調整の前にタングステンの占有された準位の頂上がゲルマニウムの比較的小さなバンド・ギャップ（0.7 eV）の底の近くにあることが必要である．同じ理由で接触以前にはタングステンの占有された準位の頂上はシリコンのバンド・ギャップの上部近くになければならない．これは興味あることだが，少なくとも二つの半導体については逆の伝導型で良好な接触が可能であった．このように，金属と半導体の間には相対的なポテンシャル・バランスがあり，この関係で，タングステンの仕事関数に近い鉄が無線電話の時代にシリコンと組み合わされて用いられた．

最初，界面の研究はバーディーン（John Bardeen）によって提唱され，その後ミード（C. A. Mead）とスピッツァー（W. G. Spitzer）が詳しく研究した．彼らはダイヤモンド構造を持つ半導体との接触に種々の金属を試した．金属と半導体の間の接触境界で束縛準位に関係する電気双極子層が出現（9 章参照）し，これが金属-半導体接触における準位の相対的位置を決めるのに重大な役割を演じる[10]．双極子層の電界の大きさはダイオードを作るときの工程の善し悪しにより影響を受ける．このようにして，実際にダイオードに生ずる

双極子層の電界の値はデバイスを作る途中の金属ウィスカーと半導体間の接触の具合で経験的に決められる部分があった．

戦後の研究者たち

　ロビンソンはトランプ（John Trump）とヴァンデグラフ（Robert van de Graaff）とともに設立したマサチュセッツ州のハイヴォルテージ・エンジニアリング社の会長として米国に永住したが，その前の第二次世界大戦の終わりに短期間英国に帰った．そして，1994 年に生涯を終えるまで，彼はこの州に住んでいた．彼は穏和な口調の尊敬された指導者であった．

　1943 年，スキナーは英国でのレーダーの仕事を停め，バークレーにあるローレンス（E. O. Lawrence）研究所のマンハッタン地区研究所に移り，ここで質量分析器を用いた同位元素の分離に従事した．スキナーは第二次世界大戦の末にハーウェル原子力研究所の物理部門の長として英国に帰った．ここで彼は研究企画と組織作りに大きな役割を果たした．1949 年，彼はハーウェルを去り，リバプール大学の物理学の教授となったが，1960 年に 60 歳の若さで他界した．彼はレーダーに関する戦時中のいらだちを 1941 年に次のような詩に遺している．

　　　　　孤独の中で
　　　　　一インチずつ闘っている
　　　　　押しても動かない巨大な相手に
　　　　　自らの意志で自らに耐え
　　　　　かたくなさと頑固なまでの誇りをもって
　　　　　仲間は戦った　深い森を抜ける喜びを知り
　　　　　電磁波を短くするために[11]

　真空管時代の専門家として立ち上がったスキナーは明らかに壁に突き当たった．科学の新しい分野と同じように，技術の新しい分野はそれが不可欠であることを証明するために闘わねばならない．さらに，全く新しい世代は古い世代に捕らわれず，新しい分野の指導者の役割を引き受けなければならない．

工業とのかかわり

　バーチャムの手紙で示したように，最初の頃のダイオードは電信研究所で作られていたが，製造に関する主な課題は1941年の初期まで英国電気工業に引き継がれた．英国トムソン・ヒューストン（BTH）社と英国ゼネラルエレクトリック社（GEC）も電信研究所の指導を受けていた．1940年の初期，GECは独自にシリコンとタングステンの接合について小規模な研究をしていた．これはロビンソンとスキナーの初期の結果あるいはドイツにおける研究の影響と思われる．いずれにせよ，ロビンソンとスキナーの先導によって火がつけられた実用試験は，ロビンソンの初期のアマチュア無線研究から15年も放置された後，結晶整流器技術に立ち戻ることになった．すなわち，シリコン・ダイオードは新しい用途によって甦った．

英国の史料

　英国におけるシリコン・ダイオードの開発状況の詳細を教えてくれるただ一つの史料とはいえないが，シリコン・ダイオードの開発をまかされていたラジエイション研究所のグループによって書かれた研究所シリーズの15巻と同等の価値ある本が，ブリーニー（B. Bleany）と彼の共同研究者により第二次世界大戦後にまとめられた．これは，シリコン・ダイオードに関する化学と物理の非常によい集録である[12]．技術の進歩は企業の研究に左右され，実際，金属シリコンにアルミニウムを添加したものに次第に集約された．電気会社は入手できるシリコンの性質にばらつきがあったにもかかわらず，実用できる素子の製造に成功した．英国で作られた素子はかなりの特性ばらつきを持っていて，全数検査され，特によいものは赤点でマークして区別した．

トーマかホールマンか？

　ロビンソンはトーマにより書かれた本に彼の発想の源があったといっているが[13]，歴史家ゲールラック（Henry Guerlac）の記録に関するミシガン大学の

ブライアント（John Bryant）による研究では，1944年にロビンソンは実際にホールマン（7章参照）の本で気付いたと述べており，このほうが正しいようである．ロビンソンの50年後の記憶違いは理解できる．さらに，トーマは物理に関係した数学的問題に主な興味を持っていて，ホールマンの若い親密な協力者であり，彼自身の著書のほか数編の論文をホールマンと一緒に出している[14]．トーマの著書は技術と物理に関係した数学的トピックスを扱っている．彼は著書の中ではホールマンの2冊の本を引用している．トーマの本は684ページもある厚いものであった．戦時中，トーマはGEMAでマイクロ波の研究開発を活発に行った．彼は1953年に西ドイツのヘシアン町のフルダにある高等学校の校長に就任した．パートタイムであったが，1939年からベルリンの高等学校で教職についており，科学者としての仕事のほかに教職にも関心を寄せていた．

6.5 日本のレーダー研究

　日本のマイクロ波とレーダーの事情は複雑である．日本の科学者および技術者はこの分野でよく組織され，独立の研究を行っていたが，真に意味ある焦点を絞った研究はなされなかった[1]．研究者の才能と興味は強く，早くから刺激を受けていたが，うまくは使われなかった．国内企業との連繋や海外情報から，日本軍はレーダーが太平洋で必須の役割を演ずることを知ったが，意義ある開発や展開をなすには着手が遅すぎた．日本がドイツと同盟を結んでいる間はドイツのパルス装置を手に入れたが，戦争が進むと連合軍により連絡を断たれた．最後は技術情報はもちろんのこと，何も手に入らなかった．

　戦後の論文の中で，戦時中に東京大学理工学研究所でマイクロ波研究を行っていた熊谷，霜田，湯原らがヘテロダイン混合器のために結晶ダイオードを使った研究について述べている[2]．彼らの研究は波長10センチメーター領域まで拡張された．彼らが研究した11種の半導体のうちで，シリコンと黄鉄鉱がタングステン・ウィスカーと最も相性が良かったことを明らかにした．シリコンと黄鉄鉱の二つのうち，シリコンは60°Cまで安定であった．研究者らはクルンプ（H. Klumb）とコッホ（B. Koch）が1939年に発表した研究に精通し，これを引用している[3]．

　なお，日本の戦時中におけるレーダー開発については，1997年，中川（Yasuzo Nakagawa）が出版した本に詳しく述べられている[4]．

ノート：6

（1） Ulrich Kern, "Die Enstehung des Radar Verfahrens : Zur Geschichte der Radar Technik bis 1945" (Thesis, University of Stuttgart, 1984). Henry E. Guerlac, *Radar in World War II,* 2 vols. (New York : American Institute of Physics, 1987), および "The Radio Background of Radar," *Journal of the Franklin Institute* 250 (1950) : 285. *The Radiation Laboratory Series,* ed. Louis N. Ridenour (New York : Massachusetts Institute of Technology and McGraw-Hill, 1948). Robert Buderi, *The Invention That Changed the World* (New York : Simon and Schuster, 1996).

（2） "Die Enstehung des Radar Verfahrens." "Radio Background of Radar."

（3） "Radio Telegraphy," *Proceedings of the Institution of Radio Engineers* 10 (1922) : 215.

（4） G. Breit and M. Tuve, *Physical Review* 28 (1926) : 554.

（5） E. B. Callick, *Metres to Microwaves* (London : Institution of Electrical Engineers, Peter Peregrinus, 1990) ; Oskar Blumtritt, Hartmut Petzold, and William Aspray, eds., *Tracking the History of Radar* (Piscataway, N. J. : IEEE Center for the History of Electrical Engineering and the Deutsches Museum, 1994) ; Kern, "Die Enstehung des Radar Verfahrens."

ノート：6-1

（1） 3章参照.

（2） Denis M. Robinson, *Proceedings of the American Philosophical Society* 127 (1983) : 26.

（3） H. E. Hollmann, *Physik und Technik der Ultrakurzen Wellen,* 2 vols. (Berlin : Springer, 1936).

（4） ノート：2（2）参照.

（5） J. Rottgardt, *Zeitschrift f. Technische Physik* 19 (1938) : 262.

（6） H. Klumb, *Physikalische Zeitschrift* 40 (1939) : 640 ; H. Klumb and B. Koch, *Die Naturwissenschaften* 27 (1939) : 547.

（7） Louis Brown, *Technical and Military Imperatives : A Radar History of World War II,*.

（8） H. F. Mataré, *Proceedings of the IEEE* (1998) "Lesser-Known History of the Crystal Amplifier" (see page 174 of this volume). Mataré's, "The Three-

Electrode Crystal (Transistor)," *The Electron in Science and Technology* 3, no. 7 (1949) : 255.

(9)　Berthold Bosch, "Der Werdegang des Transistors 1929-1994, Bekanntes und Weniger Bekanntes," (Nov. 17, 1994, unpublished essay).

(10)　Ulrich Kern, "Die Enstehung des Radar Verfahrens : Zur Geschichte der Radar Technik bis 1945" (Thesis, University of Stuttgart, 1984), p. 246.

ノート: 6-2

(1)　Ulrich Kern, "Die Enstehung des Radar Verfahrens : Zur Geschichte der Radar Technik bis 1945" (Thesis, University of Stuttgart, 1984) ; Henry E. Guerlac, *Radar in World War II,* 2 vols. (New York : American Institute of Physics, 1987). Emile F. E. Girardeau, *Souvenirs de longue vie* (Paris : Berger-Levrault, 1968) ; Elizabeth Antébi, *The Electronic Epoch,* (New York : Van Nostrand, 1982), p. 167.

(2)　私信, Pierre Aigrain to Frederick Seitz, July 6, 1994.

(3)　E. B. Callick, *Metres to Microwaves* (London : Institution of Electrical Engineers, Peter Peregrinus, 1990).

(4)　Pierre David, "Quelque commentaires sur l'histoire du radar," *L'Onde electrique,* p. 15 ;（発行年不詳だが多分1950年代で, アーグレンからコピーを入手した）.

(5)　H. Frühauf, biography of Hollmann in *Hochfrequenztechnik und Elektroakustik* 68, no. 5 (1959) : 141.

ノート: 6-3

(1)　N. F. Alekseev and D. D. Malyarov, *Journal of Technical Physics* 10 (1940) : 1297（ロシア語）; 英語版 ; *Proceedings of the Institution of Radio Engineers* 32 (1944) : 136.

(2)　H. Klumb, *Zeitschrift f. Physik* 115 (1940) : 321.

(3)　Letter, Z. Alferov to Frederick Seitz, Apr. 12, 1996.

(4)　Zh. I. Alferov, V. I. Ivanov-Omskii, L. G. Paritskii, and V. Ya. Frenkel, "Investigations of Semiconductors at the Physico-Technical Institute"（英語）, *Soviet Physics—Semiconductors,* vol. 2 (New York : American Institute of Physics, 1969), p. 1169.

ノート:6-4

(1) Ulrich Kern, "Die Enstehung des Radar Verfahrens : Zur Geschichte der Radar Technik bis 1945" (Thesis, University of Stuttgart, 1984). Henry E. Guerlac, *Radar in World War II,* 2 vols. (New York : American Institute of Physics, 1987) ; *Journal of the Franklin Institute* 250 (1950) : 285.

(2) A biography of Henry Tizard appears in *The Biographical Memoirs of the Fellows of the Royal Society,* vol. 7 (1961), p. 313. Patrick M. S. Blackett, *Nature,* Mar. 5, 1960.

(3) Guerlac, *Radar in World War II*.

(4) ロビンソンのレコードインタビュー, *Oral Histories Documenting World War II Activities at the MIT Radiation Laboratory* (Piscatawav, N. J. : IEEE Center for the History of Electrical Engineering, 1993), p. 281. 息子と一緒のビデオインタビュー, High Voltage Engineering Company (1990 年代前半).

(5) E. B. Callick, *Metres to Microwaves* (London : Institution of Electrical Engineers, Peter Peregrinus, 1990).

(6) A. biography of H. W. B. Skinner prepared by Harry Jones appears in *The Biographical Memoirs of the Fellows of the Royal Society,* vol. 6 (1960), p. 259.

(7) Skinner, quoted in Callick, *Metres to Microwaves,* p. 91.

(8) 私信, W. E. Burcham to F. Seitz, May 1995.

(9) H. C. Torrey and C. A. Whitmer, *Crystal Rectifiers,* The Radiation Laboratory Series, vol. 15 (New York : McGraw-Hill, 1948).

(10) J. Bardeen, *Physical Review* 71 (1947) : 717 ; C. A. Mead and W. G. Spitzer, "Fermi Level Position at Metal-Semiconductor Interfaces," *Physical Review* 134 (1964) : A 713.

(11) Poem by Skinner quoted in Jones, *Biographical Memoirs,* p. 259.

(12) B: Bleaney, "The Crystal Valve," *Journal of the Institution of Radio Engineers* 93, part 3 A (1946) : 184 ; B. Bleaney, J. W. Ryde, and T. H. Kinman, "Crystal Valves," ibid. 93, part 3 (1946) : 847 ; ibid. 94, part 3 (1947) : 339.

(13) J. C. Poggendorff, *Biographisch-Literarisches Handwörterbuch der Exak. Wissenschaften,* vol. 7 A, part 4 (S-Z) (Berlin : Akademie-Verlag, 1961).

(14) A. Thoma, *Die Differentialgleichungen d. Technik und Physik* (Leipzig : v. W. Hort, 1939).

ノート：6-5

（1） 日本のレーダーについての詳細は Ulrich Kern, "Die Enstehung des Radar Verfahrens : Zur Geschichte der Radar Technik bis 1945" (Thesis, University of Stuttgart, 1984).

（2） H. Kumagi, Koichi Shimoda, S. Lio, and J. Yuhara, "The Crystal Detector Used for Microwave Applications" (in Japanese), *Physical Society of Japan* 2, no. 5 (1947) : 176. この論文の英訳について Shigeru Sassa に感謝する.

（3） H. Klumb, *Physikalische Zeitschrift* 40 (1939) : 640 ; H. Klumb and B. Koch, *Die Naturwissenschaften* 27 (1939) : 547.

（4） Yasuzo Nakagawa, Japanese Rader and Related Weapons of World War II, Aegean Park Press (1997).

7 米国のラジエイション研究所

　1934年9月にヨーロッパで戦争が勃発する前まで，米国の科学者や技術者はマイクロ波領域の探求をするか，あるいはレーダーの実用化研究をするか，

図7.1 米国でのマイクロ波工学の発展にかかわる歴史的な写真．1930年代半ばから終わりにかけてスタンフォード大学で開発した最初のクライストロンの周りに集まった人達．右端に立っている人から時計回りに，発明者のハンセン(William W. Hansen)，大学院生のウッドヤード(John R. Woodyard)，バリアン社のラッセル(Russell)とシガード(Sigurd)，物理部門長のウェブスター(David L. Webster)である(スタンフォード大学の好意による)．

で一本化されていなかった(1)．民間の立場から，研究者たちはギガヘルツまたはそれ以上の領域の周波数の研究を個人の興味により進めていた．これはクライストロンや進行波管のようなデバイスの発明や開発に進んだ．前の章で述べたように，たとえば，スタンフォード大学のハンセン（W. W. Hansen）は粒子を高エネルギーに加速するリニアックに使う目的でクライストロンを発展させた．もう一方の研究者は，たとえば，スタンフォードの学生で彼らの名付けた電子会社を創立したバリアン兄弟のように，通信工業の分野に興味を持った．彼らは通信に利用可能な電磁スペクトルの新しい分野を作ること，あるいは，悪天候の中で航空機を安全に着陸させる支援の方法を作ろうと考えた．

海軍研究所

　動いている目標からの短波長電磁波の反射を得る研究は 1920 年代にすでに始まっていた．しかし，1930 年の半ばまでは，主として予算的制約のため，それを受け入れようとする歩みは遅かった．海軍の中のある文官グループは自動車のような動く物体からの反射が初めて検出された 1922 年にこの分野の研究を企画した．このグループはワシントン特別区のアナコスチア海軍研究所に

図7.2
テーラー（A. Hoyt Taylor）．
　トーマス・エジソンの提案で 1923 年に作られた海軍研究所の所長で，エレクトロニクスの専門家（H. Friedman と海軍研究所の好意による）．

7 米国のラジエイション研究所　131

所属していた．アナコスチア海軍研究所は第一次世界戦中にエジソン (Thomas A. Edison) の発案で1923年に設立された特別の研究機関である．最初の所員はあちこちの海軍研究所から引き抜かれ，テーラー (A. Hoyt Taylor) の指揮下に入った．テーラーは海軍の中で無線技術の発展に深くかかわった．この研究所の特異なところは，研究計画の策定プログラムを選択するのに文官の研究員に高度の自由度を持たせたことである．ただし，研究費は別であった．テーラーは出発点でメーター領域の波長の研究開発で海軍を支援する企画をしたが，不成功に終わった．文官のスタッフは研究者が見つけた装置や，遊んでいる部品を組み合わせて時間外にする個人的な興味による研究を支援した．たとえば，カーネギー研究所のブライト (G. Breit) とツウベ (M. Tuve) がパルス電磁ビームでイオン圏を調べるとき（6章に述べた），大きな助けとなった．

　方向探知の一連の実験をしているときに航空機からの反射を偶然に見出し，1930年，研究所の目的を航空機の検出に変えた．研究者はこの目的を進めるよう海軍の命令を受けた．しかし，1933年，ベル電話研究所のメンバーが公開の技術的会合で，独立に観測した同じような報告をするまで研究はなされな

図 7.3
ページ (Robert Page)．
　1934年，海軍研究所でレーダー検出の可能性を探る研究を始めた．彼と彼のチームは熱心に研究し，1939年までに 385 MHz の装置を作った (H. Friedman と海軍研究所の好意による)．

かった．軍事目的のためのこのような観測の重要性は英国の注目するところとなった．

とにかく，アメリカ海軍は1934年に研究所の明晰な若い研究員ページ（Robert Page）にレーダー検出のためにパート・タイムで働くことを許した．あとの話は海軍の技術史の一部である．ページはこの問題に強く関わっただけではなく，その後，パルス検出法が連続波検出法より優れていることを明らかにした．多くの障害を乗り越え，1939年までにページとそのグループは385メガヘルツ（78 cm）の電磁放射を用いて実用的なレーダー装置を開発し，稼動した．そのうちに，企業が乗り出し，さらなる発展と生産をもたらした．

信号部隊

その頃，ニュージャージー州のフォート・マンモスにある陸軍の信号部隊（Signal Corps）が動く物体の検出に興味を持っていた．海軍研究所の仕事と関連を保つ間に，赤外線放射を用いた自分たちの研究がある程度の成功をし，最初はこれに研究の焦点を合わせた．しかし，そのうちに海軍がパルス波で成功を収めたことに強く影響され，フォート・マンモスに近いサンディ・フックのフォート・ハンコックに信号部隊の充実したレーダー研究所を設立した．信号部隊研究所に参加した若者の一人はハーシュバーガー（William D. Hershberger）で，彼はマイクロ波分野におけるドイツの研究の進展を非常に案じていた．

彼がホールマン（Hans Hollmann）の2冊の本と出会い，軍の研究について応用しようとしたとき，これは特に強く感じられたという．彼は上司がこの分野の可能性と，もっと強力な活動が必要だと考えていたことを確かめた．

ラジエイション研究所

米国でのレーダーの開発は1940年にフランスがドイツに降伏した後，米政府の最高レベルの促進政策で急速に加速された．マサチューセッツ工科大学（MIT）のラジエイション研究所が間もなく創設され（公式には1940年11月），レーダー分野の国家機密を米国と分け合って研究を進める英国の決定で

図 7.4
デュブリッジ (Lee A. DuBridge).
　第二次世界大戦中はマサチューセッツ工科大学 (MIT) のラジエイション研究所を指導し, 1940 年に, ロチェスター大学に移り, カリフォルニア工科大学の学長となった (アメリカ物理学会の好意による).

士気があがった. ロチェスター大学からデュブリッジ (Lee A. DuBridge) が研究所長に選ばれた. 英国はずっと進んでいたが, 米国もすべての技術分野で急速に追い付き, まもなく連合軍におけるレーダー開発の中心的存在になった.

　ラジエイション研究所のある研究者はウィスカー・ダイオードを置き換える真空管混合器の開発を望んだが, まもなく, 実験によって半導体デバイスでもこの機能を行えることがわかった. 残念ながら, 米国から供給された初期の装置はばらつきが大きく, 英国製のものより誤作動が多かった. 大量のダイオードを供給しなければならない状況は実用化の初期としては当たり前のことで, 不良品や故障品は直ちに交換された.

外部からの応援

　1940 年末か 1941 年はじめ, ペンシルバニア大学のサイツ (Frederick Seitz) はデュブリッジ所長から電話を受け, ダイオードの歩留まりを上げる助言をするため, ラジエイション研究所を訪問するように頼まれた[3]. すぐさま, サイツの大学のグループであるローソン (Andrew W. Lawson), ミラー

図7.5 ローソン(Andrew W. Lauson, 中央).
　第二次世界大戦末期にラジエイション研究所で撮った集合写真の一部．左隣はクーパー(J. B. Horner Kuper)で，彼は後にブルックヘヴン国立研究所のエレクトロニクス部長となった．右隣はビニヤード(George H. Vineyard)で，彼は物理部長になった．元の写真はラジエイション研究所の5周年記念誌に載っている(MITの好意による).

(Park H. Miller)，マウラー (Robert J. Maurer)，非常に有能な大学院学生アール (Marshall D. Earle) はラジエイション研究所との契約の下で，忙しく働きだした．このグループにシッフ (Leonard Schiff)，パステルナック (Simond Pasternak)，ステファン (W. E. Stephens)，その後，ルイス (M. L. Lewis) が加わった．彼らは試作品を作り，関連する技術を学ぶためにベル電話研究所，GE研究所などの他のグループを訪ねた．
　最初の仕事はアルミニウムをドープしたシリコンの標準試料を作る方法の確立であった．用いたダイオードの動作を繰り返し再現することと，半導体の性質をより完全に把握するためには温度の関数として電気伝導度とホール効果を測ることが必要であった．また，ホール係数の測定によりキャリアの移動度と密度を測定することが可能になった．ローソンは鋳塊を作るのに適した小型の酸化ベリリウム製ルツボを開発した．まもなく，十分高い温度でシリコンは真性半導体になり，その禁制帯幅（バンド・ギャップ）が1.1エレクトロンボル

ト (eV) 程度であること，アルミニウムを添加したものは 0.1 eV 程度かそれ以下の非常に小さい活性化エネルギーを持つ不純物正孔伝導を示すことが明らかになった．その後の正確な測定による活性化エネルギーは約 45 ミリエレクトロンボルト (meV) であった．燐を添加して n 型となったときの室温における電子の移動度は，1 ボルト/センチメーター (1 volt/cm) 当たり約 300 センチメーター/秒 (cm/sec)，正孔の移動度は 1 volt/cm 当たり 100 cm/sec であることもわかった．その後，パーデュ大学のグループによって測定されたゲルマニウムの室温以下でのバンドギャップは 0.76 eV，電子の移動度は約 2000 cm/sec，正孔の移動度は 1700 cm/sec であった．

ゲルマニウムについてのビッドウェルの測定

　ペンシルバニア大学のグループによりなされた初期の発見の一つは，サイツがラジエイション研究所を最初に訪問した後の文献調査に基づいている．調査はそれ以前に行われたシリコンとゲルマニウムの電気的性質の注意深い測定に関するものである．1922 年当時，コーネル大学にいたビッドウェル (C. C. Bidwell) は純度を高くしたゲルマニウム試料の電気伝導度と熱起電力についてのすばらしい測定結果を発表した[4]．試料はコーネル大学化学科のデニス (C. M. Dennis) が供給した．残念ながらホール係数は測られなかったので，正確なキャリア密度を算出することは不可能であるが，温度に対するキャリア濃度の変化は見積もることができる．図 7.6 は引用したビッドウェルの結果である．この電気伝導度の測定結果を熱活性化過程を示すボルツマン（アレニウス）・プロットにしてみた．つまり，電気抵抗の対数を絶対温度の逆数に対して図示したもので，図 7.7 に示す（実際は図 7.6 のデーターを元にコンピューターで図示した）．

　このプロットから計算したゲルマニウムのバンド・ギャップは 0.6 eV 程度で，後に室温付近で測定された正確な値 0.66 eV にかなり近い．この測定により，ゲルマニウムもシリコン同様の性質を示すことが明らかになった．

　図 7.6 に示したように，電気抵抗は 200℃ 以上の温度で急激な低下を示している．これは価電子帯から伝導帯へ電子が熱励起されたことに対応しており，電子-正孔対の生成に関係した真性半導体の振る舞いである．−200℃ 付近での

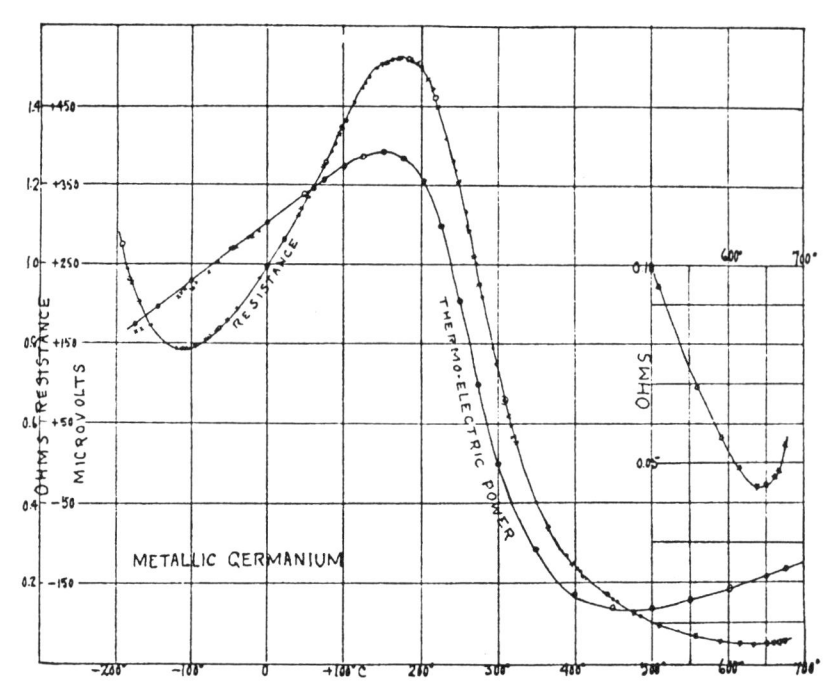

図7.6 化学的に純粋なゲルマニウム試料の電気抵抗率と熱電係数の温度依存性.
1922年,コーネル大学のC.C.ビッドウェルによるもの.ホール係数は測られなかった(Physical Review 19 (1922) 447 より引用).

比較的ゆるやかな抵抗の減少は残留不純物に基因する電子あるいは正孔が自由になることに対応している.このようなキャリアに対する捕獲エネルギーは1/100 eV程度である.

図7.6に示した0℃領域の抵抗の上昇は温度上昇による格子振動の増大でキャリアの散乱が増加したためである.このような散乱は650℃以上の電気抵抗の上昇にも関係している.

ベル電話研究所

ペンシルバニア大学からのチームが最初にベル電話研究所へ出かけたとき,スカッフ(J. H. Scaff)らが研究していたダイオードの並外れた物性に注目し

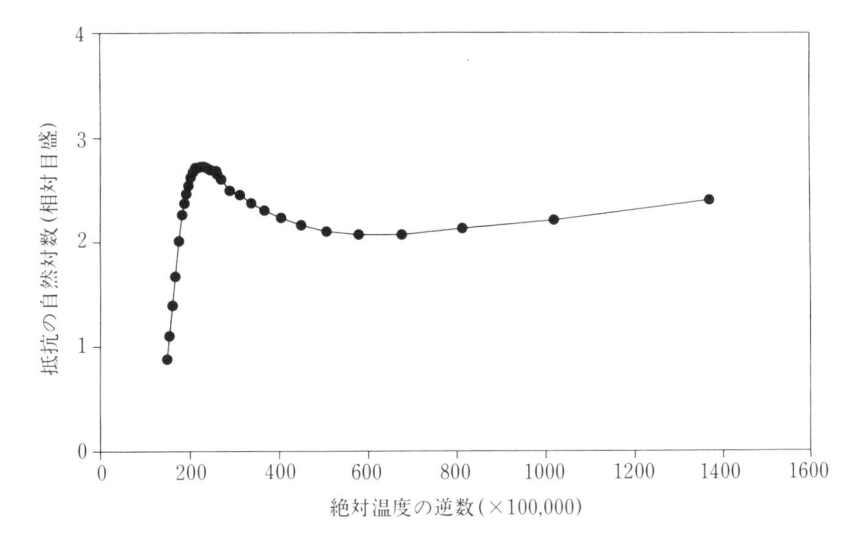

7 米国のラジエイション研究所　*137*

図7.7　図7.6で示したゲルマニウムのデーターを著者が計算し直したボルツマン・プロット．横軸は絶対温度の逆数に100,000を掛けたものである．縦軸は抵抗率の自然対数で任意尺度．実験で行われた試料の抵抗ピークは約170°Cで起こっている．

図7.8
スカッフ(Jack H. Scaff)．
　部分的な晶出によってシリコンの純度を高めた金属学者(AT & T の好意による)．

た（13章参照）(5)．スカッフは，純度の低い不均一な金属シリコンを使用したダイオードの誤動作の大部分が不純物の燐によるためではないかと疑った．この状態を改善するため，不純物を偏析させながら部分的に結晶化して市販のシリコンの純度を上げる試みをはじめた．このプロセスは帯精製（ゾーン・リファイニング，11章参照）法の原理で，第二次世界大戦後に，ファン（W. G. Pfann）によって確立された技術である．

デュポンの主な貢献

シリコン・ダイオードの大きな課題であった純度向上においては，幸運にもペンシルバニア大学のグループがもっとも短い道を進んだ．

サイツが1939年にペンシルバニア大学に移った直後，デラウェア州ウィルミントン近くにあるデュポン社の顔料部は直面する問題解決のため，彼に顧問として働くことを頼んだ．1930年以前，白色顔料は一般に炭酸鉛のような鉛化合物が使われていた．しかし，鉛化合物はペンキ屋の疝（せん）痛として知られる病気の原因であった．このため，30歳代か40歳代でペンキ屋は働けなくなり，そのうちに生命まで奪われることがあった．このような有毒な顔料が無毒な二酸化チタン，すなわち，ルチル（TiO_2）に変えられた．サイツがデュポン社を訪れたとき，ルチルの生産にはヨーロッパで発明された面倒な湿式バッチ・プロセス（不連続な工程）が使われていた．これには二つの関連した疑問があった．良質でプロセスが簡単な白色顔料は存在するだろうか？　サイツは資源的背景と商業的かつ健康に関するこの重要な研究開発計画に深く関わった．この問題を解決するため，化学的および物理的なアプローチをいろいろ考え，この問題を解いて目的に近づける合理的な方法を全て試みられるよう準備した．

1942年までに，非常に良質のルチル顔料を生産するための方法を発見した．これは炉の中の酸素と四塩化チタンを的確に反応させ，かつ連続的に生産するものである．この他の材料で二酸化チタンと競争できるものは厳密な化学量論組成を持つ炭化けい素であった．しかし，高温で化学量論組成からずれるために色が付き，商業的生産は非常に困難であった．

一方，純度の高いシリコンを製作する問題は，1941年，デュポン社でのル

チルに関する研究開発が最も盛んな時期に一緒に行うことになった[6]．間もなく，拡大された研究グループはシリコンの特性を左右する不純物の量がシリコン原子の10万分の1程度であれば良好な特性を示すことを見出した．四塩化シリコンと亜鉛の気相反応により，そう高価でなく，粉末や粒の形の高純度シリコンを生産することができた．シリコン中の炭素の量はダイオードの電気的性質には大きな影響力を持たなかった．この方法はオルソン（C. M. Olson）により提案され，実験が進められた．

ペンシルバニア大学の研究グループはデュポン社で作られた最初のシリコンを受け取り，直ちに多くの実験をした．ローソン（Andrew Lawson）は結晶の電気的性質に及ぼす影響を調べるため，種々の添加物を加えた実験をし，他の者は検討用のダイオードを作った．間もなく，硼素が不純物半導体の伝導度増大に非常によいことを発見した．同じ時期にベル研究所でも同様な発見をした．

英国のトムソン・ヒューストン社のライド（J. W. Ryde）は1941年に作製

図7.9 オルソン（C. Marcus Olson，中央）．
　結晶ダイオード混合器の開発に必要な高純度シリコン原料を作る方法を提案したデュポン研究所の化学者．オルソンは二人の仲間カリガン（Charles J. Carigan，左）とルイス（George L. Lewis，右）と一緒に研究を進めた（Olsonの好意による）．

した報告書の中で，下記のようにデュポン製シリコンが優れていることを述べている．「1941年7月にヒューストン社は自社製と英国ベル研究所の結晶を試験したが，アメリカ製の結晶は非常に均一で実用的に優れていた．これはベル電話研究所が使ったデュポン社のシリコンの品質が高かったためである．1944年，ヒューストン社はCV 253と名付けられた長寿命のX-バンド用結晶を生産するため，デュポン製シリコンの輸入許可を申請した．英国製のシリコンを使った場合，商業生産できないほど歩留まりが低かった」[7]．

ゲルマニウム

ゼネラルエレクトリック研究所のノース（Harper Q. North）はこの期間に他の手法を使って高純度化の問題を解決することを望んでいた．彼はゲルマニウムがシリコンより優れた物質と考え，これを使って興味ある半導体デバイスを開発することを決めた．しかし，レーダー用に適していたのはシリコンであった．ひとたび純度の高いシリコンが入手できると，これを使ってデバイスが作られ，温度特性もよく，他の点でも安定した特性を示した．これによって，ゲルマニウムは選択肢から外された．

真空管の代替

この時期にシリコンの純度向上問題をデュポン社が引き受けたのは，シリコンを基礎にしたエレクトロニクスの発展の将来にとって幸運であった．シリコンの開発には相当の時間がかかったので，デュポン社が成功しなければラジエイション研究所は多分シリコンの代用を探し求めたであろう．良質のシリコンがなければ，少なくともしばらくの間はゲルマニウムによって置き換えられたかもしれない．当時のラジエイション研究所のスタッフの構成を見ると，センチメーター領域の2極真空管の技術を極限まで押し進めなければならない圧力があったのであろう．さらに，このような開発計画は少なくとも戦時の需要に対し正しかったと思われる．

これに関して，ベル電話研究所のモートン（Jack Morton）は戦時中に波長10センチメーター領域まで使える3極真空管の開発を目標とし，研究を押し

7 米国のラジエイション研究所 　141

図7.10
ベル電話研究所のモートン
(Jack Morton).
　10センチメーターの波長で動く3極管を開発し，これの製品化に成功した(米国物理学会の好意による).

進めた．ダイオードは多分可能性があったかもしれない．しかし，半導体を使って何ができるかを検討したみたケリー（Mervin Kelly）の見解によれば，ベル電話研究所が追い求めたトランジスターに導く開発計画は戦後も変えられず，当初はゲルマニウムで実験した．その後，シリコンの利点に対する興味が再び起こり，それはベル電話研究所のマイクロ波グループ自身がよく知っていた．トランジスター発見の時期の遅れは多分小さな問題であったろう（9章で述べるフランスの発見も参照のこと）．

研究の集中化と拡張

　1942年までに，ラジエイション研究所の指導者たちはごく近い将来の半導体ダイオードの応用として，混合器が有望であることを認識した．その結果，企業，政府，大学の研究所などの他のグループまで研究を広げることにした．第1に重要なことは，マサチューセッツ工科大学のラジエイション研究所内部にトーレ（Henry C. Torrey）とフォックス（Marvin Fox）が指導する強力な指導者チームを作った[8]．ペンシルバニアのグループで以前に働いていたウィ

図 7.11
トーレ(Henry C. Torrey).
　ラジエイション研究所のスタッフの一人．シリコンとゲルマニウム・ダイオードの開発にあたって幅広く研究者と研究室を組織し調整した．信頼度の高い実用的な素子を製造する道を拓いた(H. C. Torrey の好意による).

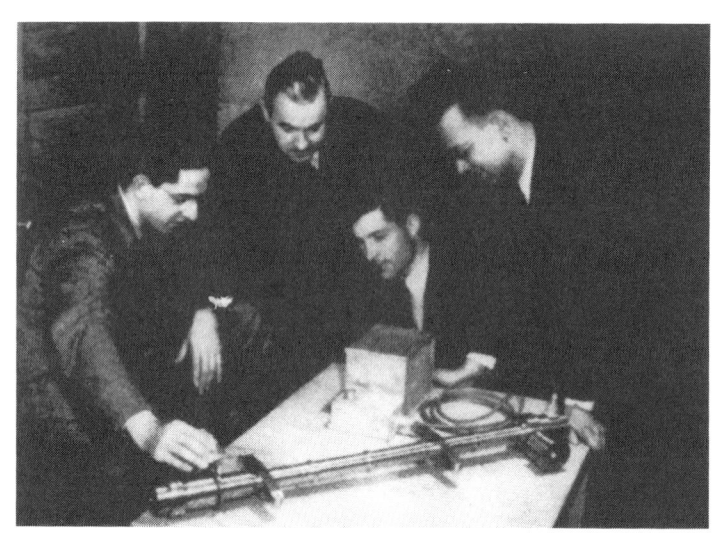

図 7.12　ウィットマー(A. Whitmer，中央で立っている人).
　トーレと親しく，シリコン・ダイオードの研究計画を管理した．座っているのがダイオード・グループの一員であるハンティントン(Hillard B. Huntington)，左の人はセラブ(W. Selove)，右はマッコンネル(R. A. McConnell)．この写真はラジエイション研究所の5周年記念誌に最初に掲載された(MIT の好意による).

CRYSTAL RECTIFIERS

By HENRY C. TORREY
ASSOCIATE PROFESSOR OF PHYSICS
RUTGERS UNIVERSITY

And CHARLES A. WHITMER
ASSOCIATE PROFESSOR OF PHYSICS
RUTGERS UNIVERSITY

EDITED BY
S. A. GOUDSMIT   LEON B. LINFORD
JAMES L. LAWSON   ALBERT M. STONE

OFFICE OF SCIENTIFIC RESEARCH AND DEVELOPMENT
NATIONAL DEFENSE RESEARCH COMMITTEE

FIRST EDITION

NEW YORK AND LONDON
McGRAW-HILL BOOK COMPANY, INC.
1948

図 7.13 戦時中のレーダー研究をまとめたラジエイション研究所叢書の 15 巻の巻頭頁．この巻では，トーレと彼の共同研究者であるウィットマー(C. A. Whitmer)により執筆された結晶整流器について述べられている．

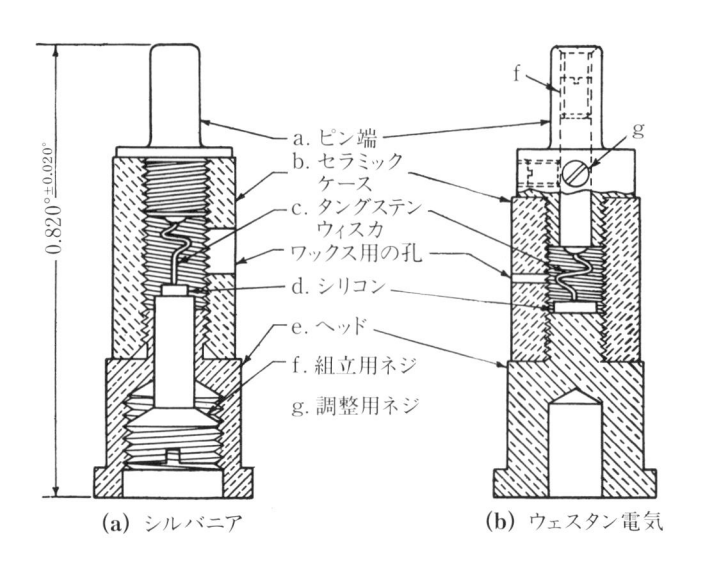

図 7.14 開発に参加した会社により 1942 年に作られたシリコン-タングステン・ダイオードの断面構造図(図 7.13 の Crystal Rectifiers より引用).

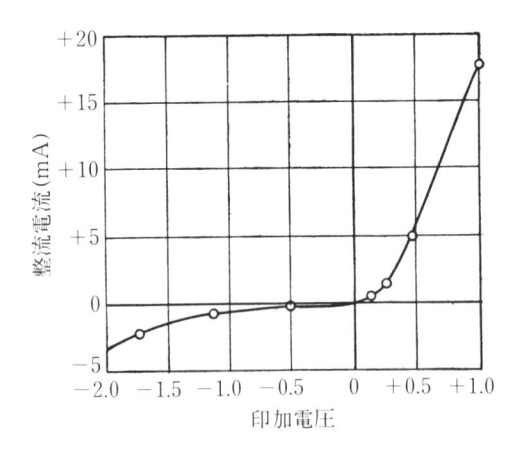

図 7.15 シリコン-タングステン・ダイオードの典型的な電流-電圧曲線(図 7.13 の Crystal Rectifiers より引用).

7 米国のラジエイション研究所　145

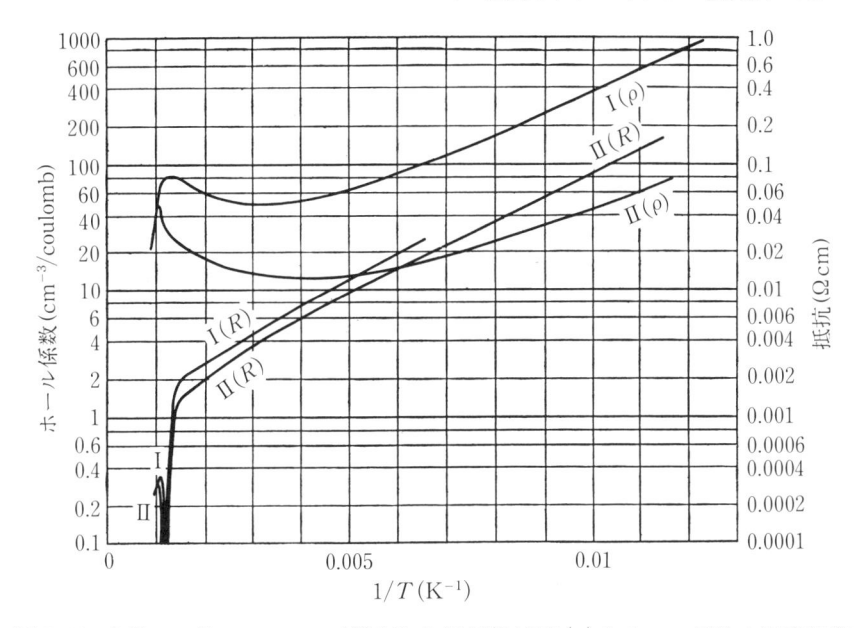

図7.16 2種のシリコンについて測定した電気抵抗率(ρ)とホール係数の温度依存性．試料はアルミニウムを添加したp型．ゲルマニウムについては図7.7に示した．ホール係数はキャリア密度に逆比例する（図7.13のCrystal Rectifiersより引用）．

ットマー（Charles A. Whitmer），ハンティントン（Hillard B. Huntington），パーサル（C. S. Peasal），パウエル（Virginia Powell）がまもなく加わった．このグループはこの研究開発全体をうまく引っ張った．

　ローソン（Andrew Lawson）はペンシルバニア大学を去って，ラジエイション研究所に加わったが，異なるグループの一員になった．この時期にトーレは素子の高圧破壊または「断線」に研究の多くを費やした．このため，当時流行していた歌「ピストルパッキンママ（Pistol Packin' Mama）」をもじって「結晶クラッキンパパ(the crystal crackin' papa)」とあだ名を付けられていた．

　ラジエイション研究所のグループは開発の初期に同じ研究所の指導的理論科学者であるベーテ（Hans Bethe）から多くの指導を得た．また，彼らは基礎的な開発でパーシル（Edward Purcell）のグループのメンバー，たとえば，ディッケ（R. M. Dicke），ロバート（S. Robert），バーリンガー（E. R. Beringer）などからの手助けも受けた．

パーデュ大学

　まもなく，パーデュ大学の物理学科主任ラーク-ホロビッツ（Karl Lark-Horovitz）はラジエイション研究所で進められている研究開発を知り，ラジエイション研究所の指導の下で研究を進めた．彼のグループは高純度材料の供給源として，ミズーリ州ジョプリンにあるイーグルピッチャー社のゲルマニウムを用い，ゲルマニウムおよびそのダイオードの性質を検討した．彼はペンシルバニアのグループを訪問し，そこで使われている基礎的な装置の計画を作った．彼の仲間ブレイ（Ralph Bray）はパーデュ大学の研究計画策定で彼を手助けした．

図7.17　ラーク・ホロビッツ（Karl Lark-Horovitz）とパーデュ大学の科学会議（1945年）へ出席した研究者達．前列左から右へパウリ（Wolfgang Pauli），シュウィンガー（Julian Schwinger），コンドン（Edward Condon），ベッカー（Joseph Becker），（後列左から）ラーク・ホロビッツ，ハンセン（William Hansen），カースト（Donald Kerst）（A. Tubisとパーデュ大学の好意による）．

図 7.18 ゲルマニウムとゲルマニウム・ダイオードの性質を研究していたパーデュ大学チームの研究者たちの一部.

　パーデュ大学の物理学科は何人かの教官を他の戦時研究のために奪われたが，その後加わった人も入れ，残りの研究者らは良い指導者の下でチームの努力をゲルマニウムの研究に向けた．このグループには，有名な分子生物学者となったベンツァー（S. Benzer），ブレイ（Ralph Bray），ジョンソン（Vivian A. Johnson），ザックス（Robert Sachs），スミス（R. N. Smith），イヤリアン（H. J. Yearian），ワシントンのアメリカ・カトリック大学のハーツフェルド（K. F. Hertzfeld），ニューヨーク大学の大学院生コーンウェル（Esther M. Conwell），その後ロチェスター大学に加わったワイスコップ（V. F. Weisskopf）らが相談相手としており，研究開発の理論的見地から貢献した．

　パーデュ大学の研究グループの貢献はゲルマニウム研究に力を注いだにもかかわらず，注目すべきものであった．彼らのゲルマニウムの特性に関する基礎的な研究はラジエイション研究所の応用研究としては主たる興味の対象ではなかった．ラーク・ホロビッツはシリコンとゲルマニウムが科学と技術の将来に大きな役割を果たすと確信し，戦時環境のもとで可能な限り基本的理解の基礎を築こうと願った．その一方で，レーダーの研究者の要求にも応えた．このグループの研究は決して実用的ではなかった．しかし，基本的な研究に沿って，ダイオードの逆方向が約 100 ボルトの電圧に耐える，すばらしいゲルマニウ

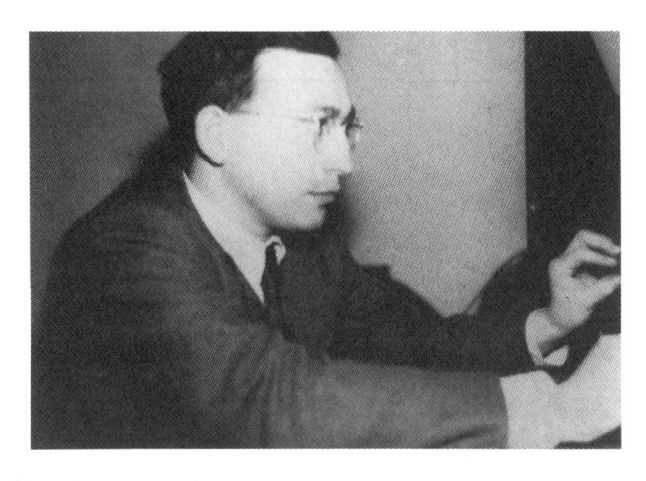

図 7.19 ブレイ(Ralph Bray).
　ゲルマニウムとゲルマニウム・ダイオードの電子的性質を研究したパーデュ大学計画の主な貢献者．この写真は1943年か1944年に撮ったものである．ゲルマニウム・ダイオードの特性を机上で実験している様子．彼はパーデュ大学で最先端の研究を続け，研究チームの仕事が進むにつれ，3極デバイスを作る可能性を追求した(R. Brayの好意による)．

ム・ダイオードを開発した．このようなダイオードはレーダーの補助回路に有用であったが，戦時中のシリコン整流器の目的性能を満足しなかった．

工業的寄与

　工業を目的とする研究グループは基礎研究者に比較して創造性に劣ることはない．ベル電話研究所は社内仕様のダイオードの生産と同様，全ての分野で研究と開発を続けた．ペンシルバニア大学で以前学生だったアンジェロ(S. J. Angello)はウェスティングハウス社で酸化銅整流器の研究をしていたが，そこでの興味もまもなくシリコン・ダイオードに移っていった．さらに，シルベニア電気会社は素子を量産することに同意した．ラジエイション研究所と拡げられたネットワーク間の連絡役は若くて優秀な科学技術者であるロチェスター(Nathaniel Rochester)が担った．彼はラジエイション研究所で結晶ダイオードの研究からスタートしたが，1945年に退職した．スペリー社のウッドヤ

ード (J. R. Woodyard) はスタンフォード大学のハンセン (W. W. Hansen) とともに計画に参加した．彼の仲間のギンズトン (E. Ginzton) とシャーウッド (E. Sherwood) もまた活動に参加した．

検討会議

この研究開発の特色の一つは，ラジエイション研究所の支援の下で計画に参加した人達が開いた定期的な検討会であった．これらの会で，研究計画を見直し，自由な討論が行われた．会合はあちこちで開かれたが，通常はコロンビア大学で機密を守りながら約2ヵ月ごとに行われた．彼らはグループの指導者に束縛されることなく，100人以上の研究者が常に参加した．ほとんどの議論は自由，開放的であった．通信分野で内部に長期計画を持っていたベル電話研究所（8章参照）でも，ラジエイション研究所の仕事に直接関係する事柄の発表に暗黙の了解をしていた．スカッフはしっかりした参加者で，常に彼の仲間であるスーラー (H. C. Theurer) やホワイト (A. H. White) と一緒であった．

全体計画の合理的な進捗についてもこれらの規則的な検討会は非常に重要であった．海軍研究所，フォート・マンモス信号隊研究所，米国標準局のような政府の研究所の参加者と友好的，かつ解放された関係が保たれた．ただし，彼らからの直接の寄与はほとんどなかった．これらの機関のほとんどの科学者の仕事は戦場での作戦と深く関係した技術的研究であった．

1944年までに，ウィットマーとハンティントンは他の研究活動に移り，トーレの結晶計画はパウンド (R. V. Pound) に率いられていたグループと一緒になった．

戦後の研究

パーデュ大学のグループは物理学科の主な活動として戦後も研究を続けた．多くの研究結果が発表にまで漕ぎ着けられたので，論文公開の目立った大学になった．ブラウン (Ernest Braun) は「結晶迷路からの脱出」という歴史的探索書の7章「半導体物理とその応用の歴史から選ばれたトピックス」を書くときにこれらの論文をよく引用した[10]．

コーンウェル（Esther Conwell）はシカゴ大学での大学院研究を終了した後，工業と学問の環境で研究と研究経営の経歴を持った．ベル電話研究所に勤めた後，彼女はニューヨークのベイサイトにあるGTE研究所に入り物理部門の部長となった．その後，ニューヨーク州ウェブスターのゼロックス研究所の主任研究者に任命され，同時にロチェスター大学で教授となった．彼女は1996年に米国科学アカデミー会員に選ばれた．

トランジスターの発明で有名なバーディーン（John Bardeen）に関する逸話のひとつをここで紹介しよう．1947年，バーディーンとブラッテンが点接触電極とシリコンおよびゲルマニウムを用い，電場の効果とバイポーラー・トランジスター作用の両方をベル電話研究所で発見した．その後，特許を申請している間は秘密を保つため，これらの発明に関する話を外部には出せなかった．ちょうどそのとき，彼らは物理学科によばれてパーデュ大学を訪問した．まだ，ラーク・ホロビッツはゲルマニウムの研究に携わっていて，彼らに「これらの半導体からトライオード（3極真空管）を作る方法があるに違いない．何か提案はありますか」といったという．もちろん，バーディーンは何も答えられなかった．戦争が終わると，半導体ダイオードの研究に携わっていた主な研究者は，勤務先を変え散ってしまった．トーレ（H. C. Torrey）とウィットマー（C. A. Whitmer）はラトガース大学の教官になった．その後，ウィットマーは米国科学財団に移った．フォックスはブルックヘブン国立研究所の加速器設計のグループのリーダーとなった．ローソン（A. W. Lawson）は最初にシカゴ大学に行き，それからカルフォルニア大学リバーサイド校に加わった．ミラー（P. H. Miller）は初めに宇宙航空会社に入ったが，それからカリフォルニア・ウェスト米国国際大学に入った．一方，マウラー（R. J. Maurer）は研究教育生活をほとんどイリノイ大学で過ごした．シッフ（L. I. Schiff）はスタンフォードの物理学科の主任教授となった．パステルナック（S. Pasternak）は物理学の学術雑誌であるフィジカルレヴューの編集者となった．ステファン（W. E. Stephens）はペンシルバニア大学にそのまま勤めた．ハンティントン（H. B. Huntington）はレンスラー工科大学の物理学科の主要なメンバーとなった．スカッフ（J. H. Scaff），スーラー（H. C. Theurer），ホワイト（A. H. White）はベル電話研究所に留まった．ノース（H. Q. North）は拡大するカリフォルニアの宇宙航空企業に加わった．ギンズトン（E. L. Ginzton) はバリアン社の経営指導者となった．ロチェスター（N. Rochester）は企業活動を続けた．

　サイツは1942年の終わりにペンシルバニア大学を去り，カーネギー工科大学の物理学科の主任教授となった．シッフ（Leonard Schiff）はダイオード開発計画に非常に深く関わっていたが，1945年春にロスアラモスに呼ばれるまで開発計画の後を継ぎ，研究開発を続けた．一方，サイツはコロンビア大学で行われた規則的な検討会に続いて参加していたが，1943年に始めた他の戦時研究のために出られなくなった．

　デュポン社はトランジスター生産者にシリコンを最後まで供給することはなかった．ダイオードを生産するための半導体材料は先進工業が生産するには純度が低く，デュポン社にとっては満足できないものだった．そのうちにデュポン社はダイオードの支援から遠ざかり，研究努力を広げないよう決め，ポリマーの開発に力を入れ始めた．ポリマーの研究はその頃奇跡的な結果を次々に生み出していたので，生活を快適にし，社会に幸福をもたらすと思われ，デュポン社の決定は社の方針として全く理に合ったものであった．

ま と め

　レーダー・システムの開発を主目的にした半導体に関する集中的な研究が半導体ダイオードの実用化を可能にしたのは疑いないことである．大学や企業の化学者，物理学者，金属学者などの比較的小さいグループが，重要な時期に短時間で目的を達成したという事実は誇りに思ってよい．もちろん，これらの成果はデュポン社の一部門でそのとき行われていたシリコンの高純度化の仕事に負うところが大きい．

　量子力学の新しい発展により固体化学および固体物理の新分野が開かれ，この時代の研究から固体化学や固体物理は発展の時代となった．彼らはシリコンとゲルマニウムに関する新しい現象に驚いた．半導体は金属と大きなバンド・ギャップを持つ絶縁体の間をつなぐ物質として重要な位置にある．その性質を完全に理解するには十年以上にもわたる理論の発展が必要であった．研究と発見は意外な新事実が現れたときの夢をかなえようとする思いと共に進むものである．

ノート:7

(1) Henry E. Guerlac, *Radar in World War II*, 2 vol. (New York: American Institute of Physics, 1987), chap. 13, n. 10.

(2) *The Radiation Laboratory Series*, 28 volume collection, ed. Louis N. Ridenour (New York: Massachusetts Institute of Technology and McGraw-Hill, 1948).

(3) F. Seitz, *Physics Today* 48 (1995): 22; H. Ehrenreich, ibid., p. 28; F. Seitz, *On the Frontier : My Life in Science* (New York: American Institute of Physics Press, 1994).

(4) C. C. Bidwell, *Physical Review* 19 (1922): 447.

(5) Sidney Millman, ed., *A History of Engineering and Science in the Bell System (1925-1980)* (Short Hills, N. J.: AT & T Bell Telephone Laboratories, 1983).

(6) C. M. Olson, "The Pure Stuff," *American Heritage of Invention and Technology* (Spring-Summer 1988): 58.

(7) E. B. Callick, *Metres to Microwaves* (London: Institution of Electrical Engineers, Peter Peregrinus, 1990), p. 95, n. 5.

(8) H. C. Torrey and C. A. Whitmer, *Crystal Rectifiers*, The Radiation Laboratory Series, vol. 15 (New York: McGraw-Hill, 1948).

(9) Karl Lark-Horovitz, "Preparation of Semiconductors and Development of Crystal Rectifiers," *NDRC Report*, div. 14, report 585 (Washington, D. C.: U. S. Office of Scientific Research and Development, 1946); R. Bray, K. Lark-Horovitz, and R. N. Smith, *Physical Review* 72 (1947): 530; R. Bray, ibid. 74 (1948): 1218; ibid. 76 (1949): 152; Torrey and Whitmer, *Crystal Rectifiers*; L. Hoddeson et al., eds., *Out of the Crystal Maze* (New York: Oxford University Press, 1992); P. W. Hendriksen, "Solid State Physics Research at Purdue," *OSIRIS*, 2 d ser., 2 (1987): 237; R. Bray, "The Origin of Semiconductor Research at Purdue University," *Purdue Physics* 2, no. 2 (1990): 6; R. Bray, "The Invention of the Point-Contact Transistor: A Case Study in Serendipity," *Interface* 6, no. 1 (1997): 24.

(10) L. Hoddeson et al., *Out of the Crystal Maze*; Millman, *History of Engineering and Science*.

8　ベル電話研究所

　1984年，グリーン（Harold H. Green）判事の合意のもとに米国電信電話会社（AT＆T）が分社化するまで，ベル電話研究所は世界で最も生産的な研究所であった[1]．研究所が公式に発足したのは，二つの研究開発グループAT＆Tと製造会社であるウェスタンエレクトリック社がジュエット（Frank　P.

図8.1　1880年代に建てられたAT＆Tのウェスト・ストリート・ビル．1925年から中央研究所として使われ，ジュエット（Frank Jewett）が研究所長であった．第二次世界大戦後ニュージャージーに移転した（AT＆Tの好意による）．

図 8.2
ジュエット(Frank Jewett).
　初め，ベル電話研究所の所長として勤め，第二次世界大戦後に米国科学アカデミーの会長となった(AT＆Tの好意による)．

Jewett) を社長としてニューヨーク西地区のビルディングに統合された 1929 年である[2]．研究活動の歴史はもっと古く，1907 年と 1911 年に申請された法人化の段階まで遡る．ジュエットは 1904 年にこの研究機関に加わり，その後社長になったが，電話中継所で使う 3 極真空管開発の中心になった研究技術者でもあった．

　世界で最も規模が大きく，技術的に最も進んだ電話会社として，AT＆T は通信の増え続ける需要に対して基礎と応用の多くの問題を取り扱い，新しくて実用的な開発を行った．また，彼らは自分の会社のためだけでなく，研究成果を通じて，世界に貢献した．開発された装置はネットワークを通して，広く行き渡った．広く手を差し伸べた結果として，装置は様々な気候や環境，喧噪の街の中心から野の果て，さらに大洋の底にまで曝された．通信システムはその時代の工業を代表する全ての技術を使って，どんな地方にも及ばなければならない．衛星で信号を繋ぐ時代には，大気圏外の厳しい環境にも耐えなければならない．そして，その装置は信頼性が高く，長持ちしなければならない．

　統合されたベル電話研究所は，社内はもちろんのこと，必要に応じて請け負い契約を結び，経済的因子に深い注意を払いながら，通信システムの科学技術

的ニーズに取り組んだ．研究所の生産的活動の中で，1927年にデヴィソン（C. J. Davisson）とジャーマー（L. H. Germer）が電子回折現象を発見し，未成熟分野の開拓も奨励してきた．本書の取り上げている分野で重要な役割を演じた固体物理および化学で多くの知見を得る助けになった．ただし，これは研究目的のほんの一握りである．通信の分野で実用可能な興味ある電磁放射分野でも興味深い研究がなされた．この過程でペンチアス（A. A. Penzias）とウィルソン（R. W. Wilson）は，1965年，われわれの宇宙創造の初期に作られたガンマ線放射の痕跡を発見した．これは宇宙の連続的な拡張の結果として，マイクロ波領域にある電磁波である．

日常茶飯事のように次々と成果が生まれた．1930年，電話システムは高分子化学の当時は蕾であった分野からの成果を利用し，通信線の被覆で大きな利益を収めた．これを推進したのは，後に研究所長となったベーカー（William O. Baker）である．このように，外部から与えられた機会を利用して研究所を助け，高分子材料採用の決定によって，安価で耐久性のある高分子材料に被覆された同軸ケーブルが開発された．最近では，地球上を張り巡らしつつある光ファイバーの発展をうながし，莫大な利益へとつながっている．

情報公開

この研究所で行われた多くの研究は，完了すると世の中に役立つものは間もなく論文として公表された．研究活動の中には，会社の将来の安寧を図るため機密にしなければならないものもある．もちろん，そのような研究の詳細は機密とする価値がなくなったか，あるいは他の研究機関によっても研究され，一般的知識になるまでは公表されない．機密の対象である場合，公表は研究所内で初期の研究に貢献した人の業績を適切に認めてもらうために行われる．また，文書の古いファイルを職業的歴史家が手に入れ，詳細な知識を公表することもある．外部から実績を認知してもらうことの重要性は，おそらく進歩と職業的名声に対する世の中の認知を頼りにしている大学よりも企業研究所のほうが低く見られている．

1920年代にベル電話研究所で働いた後，ピッツバーグのウェスティングハウス研究所の研究所長になり，ワシントン特別区の米国標準研究所でも働いて

いた物理学者のコンドン（Edward U. Condon）は，ベル電話研究所を称して「島宇宙のようなものだ」といったことがあった．彼等は非常に多くの興味ある夢中になれる活動をしていたため，世間知らずでもあった[3]．

3極真空管

重要な研究を守ったベル電話研究所の手法のすばらしさのひとつは，3極真空管の初期の歴史にも現れている．以前，AT＆Tにいたヴェイル（Theodore H. Vail）は組織改革のため，1907年に社長として帰ってきた．彼は電話サービスが国中に広がるべきだと考えた．これを実現する方法を見出すため，1915年のサンフランシスコでのパナマ太平洋世界展に間に合うよう技術

図8.3 ヴェイル(Theodore H. Vail)．
　彼はアメリカ電信電話会社の初代社長であった．この会社の重役会がサービスをニューヨーク近傍に制限すると決めたとき，彼はこの地位を捨て，ラテンアメリカなどに就職口を求めた．しかし，その後，拡大と統合が必要であることを重役会議が認識した1907年にその地位に戻った(1885年撮影，K. M. HurdとVailの孫の好意による)．

図 8.4　1915 年 1 月 23 日にニューヨークとサンフランシスコを繋いだ最初の公式電話風景．AT & T の社長ヴェイル（Theodore Vail：中央に座っている）およびスタッフと役員達．会社の主任技師カーティ（John Carty）はヴェイルのすぐ右に立っている．中継器開発の任務を担ったジュエット（Frank Jewett）は写真の右端近くに立っており，上着の襟に花を付けている（Katherine M. Hurd の好意による）．

図 8.5
アーノルド（H. D. Arnold）．
　電話システムを米国中に広めた仕事の指揮をとった（AT & T の好意による）．

スタッフを集めた[4]．その中の一人であるジュエット（Frank Jewett）は，自叙伝の中で，「彼らは目標を成し遂げるため世界展までほとんど眠らなかった」と述べている[5]．ある種の適切な増幅器を使った効果的な電話中継所と，当時はまだ十分なものではなかったが，ド・フォレスト（L. De Forest）により発明されたオーディオンの性能がある程度向上すれば，目的は達せられると考えた．

その間，ニューヨーク州スケネクタディにあるゼネラルエレクトリック研究所のラングミュア（Irving Langmuir）らは3極管の研究と技術的改良をジュエットとは独立に進めていた[6]．ジュエットらの研究は，ド・フォレストのものより，非常に効率がよく，その性質もよく理解され，実用することが可能になった．ゼネラルエレクトリック社が第一次世界大戦直前に改良した技術を特許にしようとしたとき，ラングミュアらの特許に関して訴訟が起こされた．最初の論点はベル電話研究所が舞台裏で真空管の性質を改良するために多くの研究をしていたということが明らかになったことである．

第2にラングミュアの熱せられた陰極に囲まれた電子の空間電荷の性質に関する独創的な基礎的研究が自然法則そのものであり，この見地から特許が審査の対象にならないと判断された点である．幸いなことに，この結果は米国やヨーロッパ，あるいは他の国々の多くの企業がこの分野の研究開発を推し進める

図 8.6
ラングミュア（Irving Langmuir）．
　ニューヨーク州スケネクタディのゼネラルエレクトリック社の研究所で研究生活を送った物理化学者．熱せられたフィラメントの周りの空間電荷の存在を初めて明らかにし，化学とエレクトロニクスの分野で多くの創造的な成果を挙げた（アメリカ科学アカデミーの好意による）．

ことに役立ち，特に第一次世界大戦中と大戦後に真空管工学は急速に進歩した．このため，関連した大きな市場の存在が明らかになった．1919年，アメリカマルコーニ社，ゼネラルエレクトリック社，ウェスティングハウス社を含むいくつかの米国の会社は政府の許可によりラジオ・コーポレーション・オブ・アメリカ（RCA）を創立した．これは法規的な矛盾をなくし，ラジオについての特許を連合して役立たせることによって国としての開発速度を増すためであった．経営の指導的役割はAT＆Tの顧問であるヤング（Owen D. Young）に与えられた．

半 導 体

　ベル電話研究所が舞台裏で興味を示した他の分野は半導体に関するものであった．結晶整流器のセットしか余裕がない若いラジオ愛好家は半導体に興味を持っていたが，無線およびラジオ通信の分野では興味を示されていなかったものである．残念ながら，ベル電話研究所におけるこの時期の研究の多くは秘密主義のため，トランジスターの開発が終わった後になって明らかになった．結

図8.7
グロンダール（Lars Grondahl）．
　亜酸化銅整流器の発明者．その当時，彼はユニオンスウィッチシグナル社で働いていた．1920年半ばの整流器を発明した時期に撮影された（アメリカ物理学会の好意による）．

果論だが，同じ時期の世界の半導体の研究はベル電話研究所よりもずっとオープンであったので，ベル電話研究所の秘密主義のため，誰の何が本当に「最初の発見なのか」について決めることが非常に困難になってしまった．

ベル電話研究所のスタッフは1926年のグロンダール（L. O. Grondahl）とガイガー（P. H. Geiger）によって発明された大面積銅酸化物-金属整流器の開発に強い関心を示し（図8.8），注目する材料の一つは半導体であると考えた．ただし，これらはすでにヨーロッパでも注目されていた[7]．亜酸化銅の整

図8.8 大面積亜酸化銅整流器の断面構造図．
　まず，制御された酸化により表面に金属銅-亜酸化銅(Cu_2O)層を作り，銅板を第1の電極とする．次に第2金属電極(M)が電着された酸化銅(CuO)と亜酸化銅の伝導性のある混合層を作る．整流の働きをする接合は銅と亜酸化銅の界面にある．

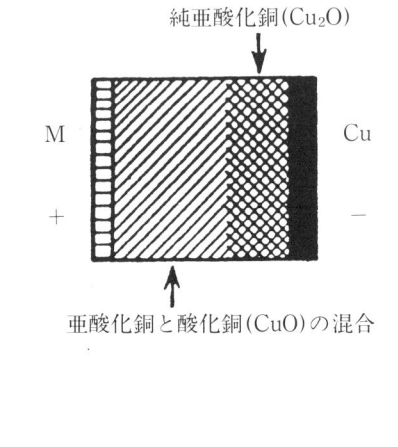

純亜酸化銅(Cu_2O)

亜酸化銅と酸化銅(CuO)の混合

図8.9
ケリー（Mervin J. Kelly）．
　ベル電話研究所の研究部長の後，1936年から1959年まで研究所長をつとめた．1920年後半の真空管開発の時代グロンダール（Lars Grondahl）とガイガー（P. H. Geiger）により発明された亜酸化銅整流器の利点を認めた．彼はトランジスターの精神面での生みの親と見なされている（アメリカ科学アカデミーの好意による）．

流効果は優れており，装置もそれほど精密でなく，真空管と違い電流を流すための熱源は必要なかった．この重要性を説き，支援したのは1928年から1934年まで真空管部の部長であり，1936年からベル研究所の所長をしたケリー (Mervin J. Kelly) であった[8]．彼は半導体デバイスがエレクトロニクス分野で重要な役割を果たすと考え，環境の許す限り固体科学の研究に十分な予算を与え，またスタッフを付けた．彼は半導体が真空管の重要な補助装置になるだろうと信じていた．ベル電話研究所は結晶の物理と化学に興味を持つショックレイ (William B. Shockley) を1936年に，また，ウッドリッジ (Dean Woodridge)，ピアソン (Gerald L. Pearson)，ニックス (Foster C. Nix) らを雇い，すでに関連のある研究に従事していたベッカー (Joseph Becker)，ブラッテン (Walter Brattain)，ボゾルス (Richard Bozorth) などと一緒に研究させた．

マイクロ波の研究

1930年代，ベル電話研究所はマイクロ波の発展に役立つ研究として半導体を取り上げるようになった．これは通信分野の拡大に力を尽くしていた機関にとって当然の歩みであった．1962年にベル電話研究所を退職したサウスワース (George C. Southworth) は出版した著者の中で，その後，ボーエン (Arnold Bowen) とキング (W. J. King) が協力して進めていた同軸ケーブルの研究で，シリコンを波長検出器や定在波測定器として使うことを考えていたと述べている[9]．彼らは無線時代の点接触型整流器での実験結果から，彼らの仕事として比較的早い時期にシリコンを研究対象として選んだ．この研究はホルマンの研究（6.1参照）と平行して独立に進められた．このチームは，酸化銅とガレナ (PbS：硫化鉛) のような良く知られた半導体が必要な周波数で整流作用を示さなかったり，天然のガレナが非常に不均一であったため，将来性から見て実用的ではないと考えた．

したがって，サウスワースと彼の仲間であるオール (Russel S. Ohl) は実用上何が最も良い物質かを見出す目的で，100ぐらいの元素と化合物を網羅した幅広い研究をした．オールは入手可能な材料の中で，シリコン-タングステンの組み合わせが最も優れているという結論を出した．シリコンはドイツのア

図 8.10
サウスワース(G. C. Southworth).
　1930年半ばのAT＆Tのマイクロ波研究を小グループで率いたパイオニア．それ以前の実験結果から，検波器として点接触シリコン・ダイオードを使い始めた．そして彼の仲間であるオールが結晶とウィスカーの一番よい組み合わせを研究するのを支援した（AT＆Tの好意による）．

図 8.11
オール(R. S. Ohl).
　サウスワースと共に働いたラジオとマイクロ波研究の開拓者．マイクロ波領域で使う最良の結晶整流器を独自に探した．多くの組み合わせのうち，シリコンとタングステンのウィスカーが最良の組み合わせであることを突き止めた(Lillian Hoddensonの好意による)．

イマー・アメンド化学社から購入したものが最も高純度で良好だった.

サウスワースの記憶では，テレフンケンから訪ねてきたドイツの技術者グループが1937年10月に彼の研究所を訪れた[10]．訪問者の中にロットガルト（Karl Rottgart）博士という人の名前があった．この人が6.1節で述べたロットガルト（Jurgen Rottgart）であったかもしれない．ロットガルトはサウスワースとは独立にシリコン-タングステン接合の整流器がマイクロ波領域で結晶検出器として最上のものであることを見出した．もし研究が平行して行われていたのなら，どちらのグループのレーダー混合器も秘密の研究ではなかったので，もっとオープンに結果を比較できたであろう[11]．

1939年8月，第二次世界大戦の勃発直前に，オールはシリコンの高純度化をこの研究所の金属研究者であるスカッフ（Jack Scaff）とスーラー（Henry Theurer）に頼んだ[12]．彼らは融けたシリコンを使って，部分的に高純度化する方法を採用した．この方法は一応成功した．これは「帯溶融精製」として知られる技術で，戦後になってからファン（William G. Pfann）によって技術的に確立された．この方法では，試料の融解と凝固を順々に生じさせ，部分的晶出を何度も繰り返す．この過程で不純物は液相に凝縮し，結晶は高純度になる．

pn接合

スカッフとスーラーが作った比較的よく精製されたシリコン試料には，電子（負に荷電したキャリア）によって伝導が起こるものと正孔（正に荷電したキャリア）によって伝導が起こるものとがあった．これらが本著の前の章で使われた「n型」および「p型」という用語の始まりになった．これらの言葉は瞬く間に行き渡った．スカッフとスーラーは伝導型を決める不純物が周期表第V族の5価の元素であればn型で，第III族の3価の元素であればp型になると考えた．戦時中の研究で，より広く，より詳細に検討され，この考え方の正しいことが証明された．

研究の中でオールが得たシリコン結晶の一部分はn型で，他の領域にはp型があり，これらの間には電気的に非常に鋭い境界が存在していた．これがいわゆるpn接合で図5.8に示したものである．これはバイポーラ接合トランジ

スターの開発に重要な役割を演じた．また，この接合に光を当てたとき二つの領域の間に電圧が発生し，非常に驚いた．これが光電効果の発見の瞬間であった．

ケリーの決断

ケリー（Mervin Kelly）はオールが発見した pn 接合と，その驚くべき光電効果の性質を知ったとき，この発見はエレクトロニクス産業に重要な価値をもたらすと考えた．そして，ベル電話研究所が軍の研究から解放され，この知識の実用的意味が明らかになるまで，これを研究所の最高機密にすべきであると決断した．したがって，さらなる発展が始まる 1945 年までは，いわゆる，お蔵入りになっていた．1945 年までにブラッテン（Walter Brattain）とショックレイ（William Shockley），バーディーン（John Bardeen）が加わって研究が活発になり，彼らにリーダーシップを与える準備ができていた．このような訳で，ケリーはトランジスターの実際の発明者ではないが，トランジスターの精神面での生みの親である．

1941 年になるまで，マサチュセッツ工科大学のラジエイション研究所からの要請で，レーダー用ヘテロダイン混合器としてシリコンとゲルマニウムを研究していた人達は相互の研究に関する興味，酸化銅の研究，およびスカッフの部分晶出の実験の結果などについての討論のため，ベル電話研究所に比較的自由に入ることができた．その後，この分野におけるベル電話研究所の将来の利益を守るため，上述のケリーの決断によって研究方針の急激な変化が起こり，自由な議論が制限された．ケリーを弁護して，ボーン（Ralph Bown）はラジエイション研究所での彼らの発表を正式会合だけに制限した．この会合はラジエイション研究所により運営され，米国の比較的安全な場所で行われていたが，その後はベル電話研究所との連携も非常に減ってしまった．

1948 年にバーディーンとブラッテンにより発明されたバイポーラー型点接触トランジスターの特許が公表されてから，再びベル電話研究所の門戸は広く開かれた．これによって，1941 年以来のベル電話研究所の興味と活動の中心が理解されるようになった．しかし，このときまでに，シリコンとゲルマニウムの性質の基礎的研究の多くは他の研究所でも比較的オープンに行われ，秘密

にされていたベル電話研究所の研究成果の一部は常識となっていた．したがって，トランジスターに関する非常に創造的な研究についての情報だけが真に目新しいものだった．ベル電話研究所の閉鎖的な研究期に行われていた基礎研究の歴史は，研究の重要性と指導者のあり方を理解するのに非常に貴重である．彼らは研究自体の優先権に関してあまり注意を払わなかった．マルコーニが他の機会に述べたわかりやすい言葉は「研究所は確かにここにあった」という言葉である．

ノート：8

(1) Sidney Millman, ed., *A History of Engineering and Science in the Bell System* (*1925-1980*) (Short Hills, N. J.: AT & T Bell Telephone Laboratories, 1983).

(2) *Biographical Memoirs of the National Academy of Sciences,* vol. 27 (1952), p. 239.

(3) Frederick Seitz への私信, 1932 年頃.

(4) Theodore Vail については以下を参照. Albert Bigelow Paine, *In One Man's Life* (New York: Harper, 1921). Lillian H. Hoddeson: "The Emergence of Basic Research in the Bell Telephone System, 1875-1915," *Technology and Culture* 22 (1981): 512; "The Roots of Solid State Research at the Bell Labs," *Physics Today* (1977): 23; "The Entry of the Quantum Theory of Solids into the Bell Telephone Laboratories, 1925-40," *Minerva* 18 (Autumn 1980): 422.

(5) Hoddeson, "Emergence of Basic Research."

(6) *Biographical Memoirs of the National Academy of Sciences,* vol. 45 (1974), p. 215.

(7) L. O. Grondahl, "A New Type of Contact Rectifier," *Physical Review* 27 (1926): 813; L. O. Grondahl and P. H. Geiger, "New Electronic Rectifier," *Transactions of the American Institute of Electrical Engineers* 46 (1927): 357.

(8) *Biographical Memoirs of the National Academy of Sciences,* vol. 46 (1975), p. 191.

(9) G. C. Southworth, *Forty Years of Radio Research* (New York: Gordon and Breach, 1962); J. H. Scaff, "The Role of Metallurgy in the Technology of Semiconductors," *Metallurgical Transactions* 1 (1970): 562.

(10) Southworth, *Forty Years,* p. 169.

(11) Southworth, *Forty Years,* p. 174.

(12) Millman, *History of Engineering and Science ;* Southworth, *Forty Years ;* Scaff, "Role of Metallurgy."

9 個別トランジスター

　トランジスターの発明につながる一連の出来事の多くは何度も語られてきたが，重要なことなので本章でも主なものを取り上げる[1]．前述のように，1945年，ショックレイは研究を再開するためベル電話研究所に戻り，ベテランのブラッテン（Walter H. Brattain），ピアソン（Gerald L. Pearson），バーディーン（John Bardeen）らを含む研究チームを率いることになった[2]．戦時中，彼らは海軍研究所での研究にほとんどの時間を費やしていたが，戦後，ベル電話研究所に移った．所長であるケリーの方針に従い，このグループの研究目的は実用的な半導体トライオード（後にトランジスターとよばれる）を開発できるかどうかを決めることであった．戦時中の研究と開発が成功裡に終わったので，ケリーは戦前から抱いていた夢の実現に自信を持っていた．オール（R.

図 9.1
ショックレイ(William B. Shockley)．
　半導体を用いてトライオードを開発する三人のグループを指導した(アメリカ科学アカデミーの好意による)．

図 9.2
バーディーン（John Bardeen）．
　第二次世界大戦の終わりにベル電話研究所に入った．物理と電気工学の両方に多くの実績を持っていた．彼とブラッテンは少数キャリア注入の重要性を発見し，それをもとにバイポーラー点接触トランジスターを発明した．この発明がトランジスター時代の道を開いた（バーディーン家の好意による）．

図 9.3
ブラッテン（Walter H. Brattain）．
　固体物理と化学，亜酸化銅整流器のほかトランジスターの開発で多くの実績があるベル研究所の研究員（AT＆Tの好意による）．

S. Ohl）がシリコンで偶然に観察した pn 接合の光伝導も彼の夢を一層強めた．さらに，結晶技術の向上で電子あるいは正孔でそれぞれ伝導するシリコンとゲルマニウムを研究に使えるようになった．

電界効果デバイス

　1945年，ショックレイは，現在，電界効果トランジスターと呼んでいるデバイスの開発を試みた．まず，半導体シリコンの薄い膜を絶縁体基盤の上に蒸着法で堆積した．膜に平行に流れるキャリアで電流を供給し，金属電極を使って電流の方向に対して垂直に強い電界をかけた．電界をかけることによって誘導された電荷が変化し，半導体中のキャリア濃度が変わることを期待した．しかし，実験は失敗に終わった．それ以前に行った他の人の場合と同じように変調を観測できなかった[3]．それでもショックレイは希望を捨てず，この実験のために概念的な特許を得ようとした．残念ながらこの希望は同じ考えでリリエンフェルト（J. E. Lilienfeld）により20年も前に取られた特許に阻まれた．

　ショックレイはこの実験での失敗にがっかりして，固体物理の他の分野に自分の努力を向けようと決めた．これは結晶転位の研究に関するものであった．そして，バーディーンおよびブラッテンとその共同研究者にトライオードの研究を託した．事実，この時期は彼の固体理論の業績が最も多い創造的な時期であった．

図9.4
リリエンフェルト（J. E. Lilienfeld）．
　ベル研究所でトランジスターの研究を始める20年も前に，電界効果トランジスターについて，いくつかの概念特許を得ていた．これらの特許はショックレイの応用特許と摩擦を起こした（Physics Todayからの複写．アメリカ物理学会の好意による）．

バーディーンおよびブラッテンと表面トラップ

　プリンストン大学での博士研究でこの問題に取り組んだバーディーンは固体表面に関するエネルギー状態について長い間考えていた．この経験から，ショックレイの失敗は電子のトラップ（捕獲点）として働く，半導体表面に関係したエネルギー準位の存在によるものと推定した．この種の準位はショットキーが用いた変調の変化を完全に補償して半導体の外部表面に双極子を作るように働き，電子を捕獲したり，放出したりする．さらに，電子を捕えたり，放出したりするのに必要な時間は常温では極めて短く，バーディーンはショックレイが使った変調周波数領域中の真の電界効果を隠してしまうのではないかと推測した．この推定は二つの方法で確認された．

　第一に，ピアソンはトラップされた電子の解放時間が室温に比べて非常に長いと思われる低温にシリコンの蒸着膜を保ち，繰り返し実験した[5]．そして，終にシリコンに流入する電流の変調が観察され，バーディーンの仮説の正しいことが立証された[6]．

　ショックレイは蒸着膜を用いて実験したが，バーディーンは多結晶シリコンを用い，半導体の表面で一般に自然に起こる空乏層に誘発される変化に的を絞ることにした．このような層は以前のショットキーとスペンケ（E. Spenke）による研究[7]や戦時中のダイオード混合器の研究に従事した人によっても観察されていた．この層は1ミクロン程度の厚さで，少数キャリア，すなわち，p型シリコンの中での電子による電気伝導度の証拠になると思われていた．ショックレイは空乏層が図5.3に示した金属-半導体境界の半導体側に見られると思っていた．この場合は，平衡状態になるとき半導体から金属に電子が移った結果として生じる．

　種々の議論の中でバーディーンはショックレイが1930年代後半にトランジスターを発見する機会に接していたかもしれないと述べている．たとえば，境界に流れる少数キャリアの濃度に影響を与える表面の空乏層の存在が第三の電極を導入するきっかけになったかもしれない．バーディーンは最初に仮説を立てた．すなわち，注入された電流の全ての変化は可変な電界が欠乏層中のキャリアの流れに影響する効果と関係がある，というモデルを提案した．一般に，

このような仮説は研究が進むにつれて確認されるか，あるいは実験結果によって変えられるべきものである．

バーディーンとブラッテンは点接触電極を用いて，半導体の表面に存在する薄い空乏層に正孔を注入した．そこからキャリアは結晶の裏側にあるベースとよばれる大面積の電極に移動する．このときキャリアはベースに向かって広がって移動する．

図9.5に試料の模式的断面を示す．試料は大面積の金属基盤に導通するようにマウントする．表面側には2個の電極がある．これらの一つはその尖端でシリコンと導通している絶縁された点電極である．二つめはシリコンとも導通がとられている鞘に包まれた導通性のある電解液中に浸けられている．電解液を使う目的は半導体と電解液中の電極の間をつなぐ伝導環と表面トラッピング準位の影響を拘束し，中和するためである．幸運にもこの方法でうまくいった．ブラッテンに電解溶液を用いるように奨めたのは，研究室の物理化学者の一人，ギブニー（Robert B. Gibney）である．図に示すように横に広がった正孔の流れは点接触電極と基盤電極との間の電流である．電界効果は電解電極の電位を基板電極に対して相対的に変えたとき，室温でも観察された．

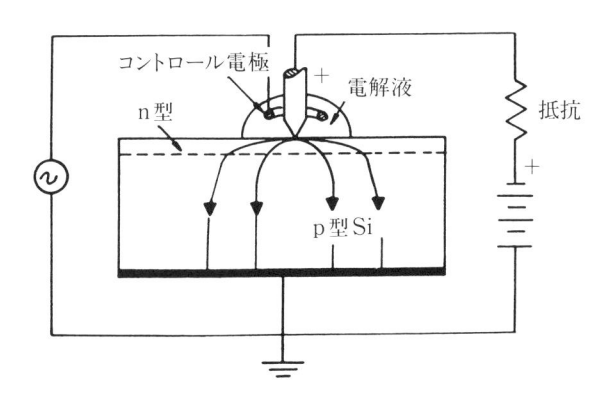

図9.5　バーディーンの提案でバーディーンとブラッテンが作った実験装置の模式図．点接触電極からベースへ流れる電流は基盤に対する電解液の電位を変えることにより変調することができる．この図は多結晶シリコンを用いた実験で，半導体の上部表面での逆転（または空乏）層の形を示す．バーディーンの初期の研究を述べるのに講義で使われた（ホロニァックの好意による）．

この実験で使われた多結晶シリコンの蒸着膜は格子欠陥が多く，電気伝導度が低かった．このため，バーディーンとブラッテンは当時入手できたn型ゲルマニウムの単結晶を実験に使うことを決め，改良した方法で実験を始めた．電解液は同じようにして使った．n型ゲルマニウム試料の表面には薄い逆転層があった．また，多結晶シリコンより単結晶ゲルマニウムの電界効果の方が良いことも観察された．

　つまり，バーディーンとブラッテンは電界効果トランジスターの考え方が正しいことを示した．ただ，これを使って実用的なトライオードを作るためには，表面のトラッピング現象をなくすか，あるいは制御する必要があった．その後，これらの課題は他の研究者によりベル電話研究所でシリコンを用いて解決された[8]．すなわち，トラッピングの場所を与えるのは表面を汚染している不純物原子であり，これを取り去るために表面を酸で腐食した．それから化学的に安定な二酸化シリコンの層を不動態被膜とし，表面処理をした結晶面上に蒸着した．実際，1970年代までの何年間かにわたり非常に発展した金属-酸化物-半導体電界効果トランジスター（metal-oxide-semiconductor field effect transistor, MOSFET；モスフェットと読む）は主な輸出製品となった．MOSトランジスターは比較的簡単に製造でき，電力も有効に利用できるなど，多くの長所を持っている．現在でも，メモリや論理素子として使われており，半導体応用の巨大な分野を支配している．

　このように表面状態の重要性を明らかにすることは幼稚な電界効果半導体トライオードを発展させるため，また，整流阻止層の合理的で精密な議論を発展するために，時機を得たものであった．したがって，固体エレクトロニクスの進歩に対するバーディーンの記念碑的な寄与と位置づけてよいだろう．

点接触バイポーラー・トランジスターの発明

　図9.5に示した電解液の使用は電流を変調するのに使う周波数の範囲を非常に制限した．このため，バーディーンとブラッテンは初歩的なゲルマニウム・デバイス構造のベースに電流を与える絶縁された点接触電極を作るため，中心に穴を開けた金箔の丸いディスクに置き換えることに決めた．このディスクは半導体から金のディスクを電気的に絶縁するため，二酸化ゲルマニウム層の上

に付けられた．ディスクに与えられた電界は表面トラップの影響を乗り越えるぐらい十分に強いものと期待したが，絶縁は有効ではなく，金箔は半導体と良好な電気的接触を示してしまった．

新しい試みなのだが，失敗した電極配置の特性を調べ始めたときに，研究者が素晴らしい発見をした．初めに広がり電流源として考えた点接触電極を金電極のごく近くに移動し，点電極の電圧を金電極に対して適当に調整したとき，この配置のために正になり，少数電荷（この場合ｎ型ゲルマニウム中の正孔）が点接触電極から金箔の縁への流れを作った．さらに，コレクター電極とベースの間に流れる多数キャリアによる電流は電極に注入する点接触からの少数キャリアの注入電流よりずっと大きいだけでなく，注入する電極の電圧を変えることによって，変調することがわかった．したがって，少数キャリアの流れを変調することができる．このようにして，全く新しい概念が入ってきた．すなわち，一つの電極から流れる多数キャリアの増幅および変調は，他の電極から半導体に注入された少数キャリアの流れとなる．バーディーンとブラッテンは実験を始めたときよりもっと多くのことを実験後に発見し，また，発展させ，そして学んだ．

この幾分偶然な発見の最も重要なところは，明らかに電極が対をなすことである．彼らは直ちに金箔の使用を止め，50ミクロン程度離れた二つの接近した電極を用いた．一つの電極は正孔を結晶に注入し，他の電極はそれを集める．彼らはこれらを「エミッター」と「コレクター」と呼んだ．電極間に流れる電流はコレクターとベースに対して注入電極の電位を変えることにより変調される．コレクター電極はベースに対する多数キャリア源（この場合電子）として働いている．

その後に開発されたもう少し高級な素子の模型を図9.6に示す．エミッターからコレクターに向かう少数キャリアの変調された流れは二つの点接触電極間の電位を変えることによって行われ，一方，コレクターからベースへ向かう多数キャリアの流れを変調させ，また，電流を増幅する．ここに，全く新しい原理を使ったトライオードが生まれた．その後，この素子はバイポーラー点接触トランジスターとよばれるようになった．明らかに，これは半導体を材料として実用トライオードを求め，そして探しあてた新しく拓かれた分野である．

逆バイアスまたはブロッキング（閉塞化）に相当するコレクターでの電極と

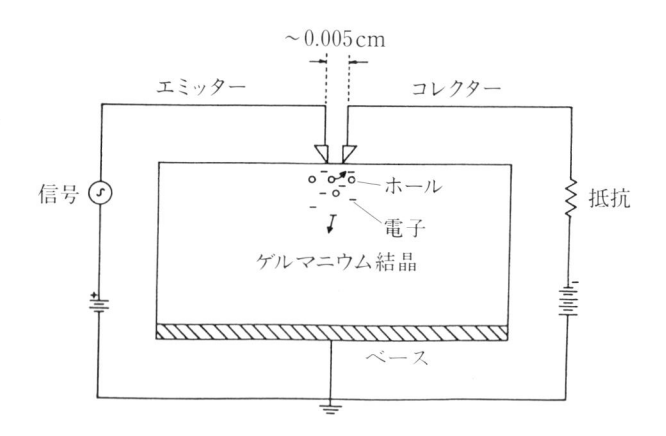

図 9.6 エミッターとコレクターの距離を約50マイクロメーターにしたバイポーラー点接触トランジスターの最終版の模式図．ゲルマニウムはn型で，順バイアスを掛けるとエミッターは正孔（少数キャリア）を放出する．関連した実験で少数キャリア放出の重要性を示した（イリノイ大学バーディーン記念館とホロニァックの好意による）．

電圧配置は整流器として期待できる．しかし，到達する少数キャリアによって生ずる空間電荷電界はブロッキング障壁を低下させ，多数キャリアがベースに流れるのを許し，正に帯電したエミッターとなる．

　バーディーンとブラッテンはこの発明を利用するために十分に準備し，まもなく最適に設計した回路で約100倍の電圧利得と約40倍の電流利得を達成した．注意深く準備された少数キャリアの注入に基づく機能実験用の回路がボーン（Ralph Bown）に導かれた数人のマネージャーに示された．新しい発見の瞬間からちょうど1週間後の1947年12月23日であった．そして，すぐに特許が申請された．

　このとき，このデバイスに名を付けてほしいというブラッテンの依頼を受けて，1948年ベル研究所のピアス（John R. Pierce）が「trans-sistor」という名前を提案した．この名前はキャリアの注入でエミッターからコレクターへ電荷が移動する電流駆動型デバイスが入力と出力の間の転送（transfer）レジスター（resistor）であることに由来している．このようにして"transistor"（トランジスター）になった．

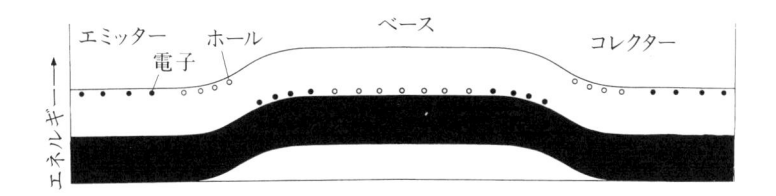

図 9.7 ショックレイのバイポーラー接合トランジスターの模式図．二つの鏡像をなす pn 接合がある．この場合，p 型不純物半導体(中央のベース領域)は二つの n 型半導体の間に挟まれている．ベースに対する適切な負のバイアス電位をエミッターに与えると，電子は少数キャリアであるベース領域の空の準位に流れる．少数キャリア電流の大きさはエミッターとベースの間の電位差あるいはエミッターとコレクターの電位勾配に依存する．電極の配置を変えれば電力増幅や電流増幅に使うことができる．

　点接触バイポーラー・トランジスター発明の公式発表は 1948 年夏にニューヨーク市で行われた．このときに展示した装置は 15 メガヘルツまでの周波数領域で動作した．この本の著者の一人であるサイツはそのときコロンビア大学で講演をしていて，この催しに出席する機会を得た．

　一言付け加えるならば，シリコンとゲルマニウムは両者とも間接遷移によって電子と正孔が再結合する（5 章参照），という意味で自然は研究者に対して非常に親切であった．すなわち，再結合を許すのには格子振動が必須の役割を演じている．バーディーンとブラッテンはトランジスターを作る上で，シリコンなどの少数キャリアが特に長い寿命を持っているという長所に恵まれた．

　もし，多数キャリアが少数のキャリアの注入により変調されなかったなら，この電界効果デバイスの研究は続けられなかったろうし，極端な話だが研究が成功しなかったら，それらの現象を説明する基礎的領域の発展もなかったであろう．

デバイスの複雑さ

　バイポーラー・トランジスターは 3 電極と 3 電圧の非常に複雑なデバイスであり，その動作はエミッター，コレクター，ベースに付加する電圧の選択に依

存している．反対符合のキャリアの働きのために互いに遮蔽され，電流増幅器として働く．動作の細かい点は1950年に出版されたショットキーの本に載っている．この本はその後デバイスに関する深い知識が得られてから書かれたものである．ショックレイの説明を以下に引用する．

　実質的に一つの符合のキャリアだけを含む半導体では，同じ符合のキャリアを注入することによってその濃度を増やすことは不可能である．キャリアの増加は反対符合のキャリアの注入によって誘起される．つまり，通常に存在するキャリアの濃度増大によって空間電荷が中和される．このように，半導体中の正と負の移動し得る電荷に対応する電子伝導の二つの過程の存在がトランジスター動作の主な特色である[9]．

　デバイスの通常の使用状態において，電界効果トランジスターの動作は上述の原理に反しない．すなわち，与えられた変調場は一定密度の多数キャリアが逆転層の境界を変えることによって，内部のキャリアが流れる体積を変える(図9.8参照)．

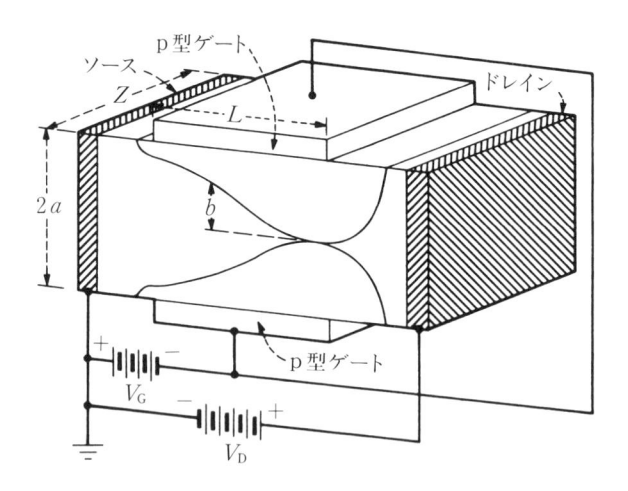

図9.8　ショックレイによる提案の結果として1954年にベル電話研究所のロス(Ion M. Ross)とデーシィ(G. C. Dacey)により開発された電界効果トランジスターの主要な構造を示した模式図(AT & T の許可で複写)．

シーヴの実験

上述のトランジスターに関する新たな発明はある程度偶然の産物でもあった。このため，半導体内部の物理現象について多くの疑問が出された。たとえば，バーディーンは注入された少数キャリアに関する電荷が表面トラップ中の反対符合の電荷によって補償されるかどうか疑った。また，正孔が実際に表面の薄い空乏層を通してのみ動くのか，あるいはバルクのn型半導体を通しても流れるのかどうかも疑った。ショックレイはpn接合中の電荷の可能な流れの理論的研究をしていたが（5章参照），第二次世界大戦の終わりに研究室へ帰ってから間もなく，正孔のかなりの部分はn型半導体領域を通して動くのではないかと考えた。また，少数キャリアによる多数キャリアの空間電荷遮蔽は少数キャリアの流れの変化に関係し，コレクターにおける多数キャリア電流中の変化に原因がある可能性を示唆した[10]。

前にも述べたように，正孔が半導体のバルクのn型領域を通して移動するという提案は電子と正孔の再結合のための寿命が実験条件の下で十分長くなければならない。つまり，少数キャリアは一つの点電極から他の電極への移動する間生き延びることができる。この提案は非常に幸運にもn型ゲルマニウムの非常に薄い層を用いたシーヴ（John Shive）の実験で2ヵ月後に証明された[11]。シーヴは層の片側に注入された正孔の電流は逆側の電極を横切って移動するだけではなく，その電流はインジェクターと第3電極における電圧を変えることによって変調することができることを見出した。これによって，抱かれた全ての疑問が解けた[12]。この時点でショックレイはバイポーラー・トランジスターの新型，すなわち，次の節で議論するバイポーラー接合トランジスターを提案した。

バーディーンとブラッテンの選択

振り返れば，ブラッテンとバーディーンが辿ってきた道は非常に賢明なものであった。最も簡単な装置で，非常に素直な物理的着想で，かつ複雑な化学や金属学を最小限に留めたものであった。ベル電話研究所で成功に導く研究開発

を始めるのにバーディーンが最も相応しい人であったことは明らかである．その後に研究に携わった他の十数人のメンバーの研究成果も創造力に富む完全なものであった．トランジスターの実用的開発研究が成功したとき，ベル電話研究所の活動はそのピークにあり，メンバーの各々がトランジスターの開発についてよく理解し，開発を進めようと心に決めていた．そして，すばらしいチームワークが成功に導いたと考えられる．事実，ベル電話研究所は次の10年間もこの分野での技術的革新の原動力になった．

バイポーラー接合トランジスター

バーディーンとブラッテンおよびその共同研究者による実験が成功裡に行われ，少数キャリアは適当な環境下で反対符合のキャリアが主である領域を横切って移動しても，生き残ることがわかった，前述のように，ショックレイは点接触トランジスター中に含まれる概念に基づいてさらなる発展を考え，新たな目標に目を向けた．間もなく，彼はpn接合を使ったバイポーラー・トランジスターの新たな素子を提案した．この中でpn接合はエミッターとして，すなわち，注入されたキャリアの源として働き，これに対向して配置されたpn接合がコレクターとして働く．この型のトランジスターはバイポーラー接合トランジスターとよばれ，一般的な半導体エレクトロニクスの次の段階へ導くもので，真空管の代替として利用される個別トランジスターの生産へと導いた．

ショットキーのトランジスター・デザインにおける最も基本的なものは図9.7で示すようにn型またはp型の中心領域があり，ここにベース電極が付けられ，各々に電極を付けた逆の型の二つの領域間にはさまれている．このようにして，複合素子には中央（ベース）の両側に二つのpn接合がある．ベース電極に対して適当なバイアス電圧をエミッターにかけると，その中の多数キャリアはベース領域に注入され，点接触バイポーラー・トランジスターと同様に少数キャリアになる．理想的な条件の下で，これらの電荷はもう一方の接合に向かって流れ，電位による拡散あるいは付加された電圧によってコレクターに流れる．エミッターからコレクターに移動するキャリアの実動数はエミッターとコレクターの間の電位差に依存し，さらに，エミッターとベースの間の電位にも依存する．このようにして，少数キャリアで導入された電流はバイポー

ラー点接触トランジスターのように三つの電圧を変えることにより変調される．すなわち，電位の配分と変調の仕方に依存するものと思われる．このデバイスの最初の型ではエミッターからコレクターへの移動はキャリアの拡散に依存していた．

電力の増幅ができる最も簡単な配置では，ベースの中に入って少数キャリアとなるものを放出するために，エミッターがバイアスされ，この状態の下でベースとエミッターの間の電位が変調される．理想的条件の下で，これらのキャリアはコレクターに流れる．ベースからコレクターに向かう多数キャリアの流れを束縛する比較的高い逆バイアス電位を持っているが，実質的にはコレクターに流れ込む少数キャリア電流となる．デバイスの電力利得はコレクターとエミッターのバイアス電位の比に近似的に等しい．ただし，許容範囲は移動中の少数キャリアの損失と多数キャリアの損失を考慮しなければならない．

エミッターへのフィードバックを含む電極電位の配置は電力増幅と結合するか，あるいは単独で，かなりの電流増幅をもたらす．新しい提案は非常に大きな潜在力を持っていた．これは個別トランジスターはもちろんのこと，究極的には集積回路への大きな発展に門戸を開いた．

大きな接触面積とキャリア体積を採用し，非常に大きな少数キャリア電流を使うショックレイの提案は，これを生産する技術が開発されると，応用に関しては点接触トランジスターよりずっと融通がきき，有用であることが証明された．ただし，前述したようにバーディーンとブラッテンによる注意深い研究の結果として点接触型の基本的発見がなされなかったなら，その設計に基づく原理は多分チームのメンバーからは出て来なかったであろう．さらに，たとえ少数キャリアの注入と変調の考えが偶然に別々に提案されたとしても実用できるトランジスターの開発には直接結び付かなかったと思われる．

少数キャリアに対する障害

ベースの領域を横切って移動する少数キャリアはデバイスにとって重要な移動電流を運んでいる．多数キャリアがたくさんある領域は多数キャリアにとって不利な状況であり，反対符号のキャリアと結合して消滅してしまう可能性がある．また，少数キャリアは不純物原子や他の欠陥によって捕えられることも

ある．このような少数キャリアの捕獲は電流の流れを妨げ，キャリア消滅の確率を増すだけでなく，少数キャリアが変調される確率を低くする．デバイスの高い性能はこのような素子を組み立てるのに使われたシリコンやゲルマニウムの純度，結晶の完全性の度合に依存する．結晶欠陥の重要な二つの型を図9.9に示す．左図の欠陥はらせん転位とよばれるもので，結晶の垂直面の周りに回転軸があり，格子の喰い違いがらせん状の階段を作る．結晶格子は回転軸の周りにひずんでいて，少数キャリアを捕獲する有害な点となる．右図の欠陥は二つの結晶が互いに角度をなしてできる刃状転位で，結晶の間の境界（結晶粒界とよばれる）と同様な構造である．このような欠陥はトランジスターの動作を妨げる歪んだ線（転位線）になっている．

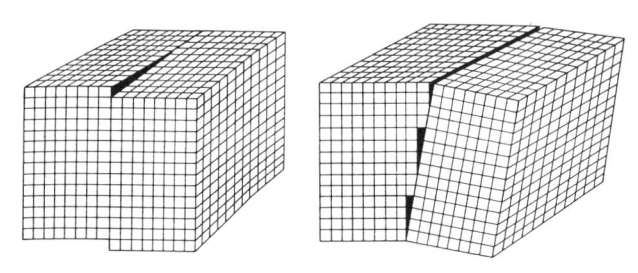

図 9.9 結晶欠陥の二つの型．
　化学的不純物とは関係ないが，結晶構造の欠陥はトランジスターのベース領域中の少数キャリアの流れを妨げる(TI社の許可とバードの好意による)．

電界効果トランジスターとバーディーンの特許

　1948年初期，バーディーンはこの章ですでに述べた点接触型バイポーラー・トランジスターの研究を続け，ブラッテンと一緒に進めた電界効果の最初の研究によって考えついた電界効果トランジスターの独特な形を考案した．1948年2月26日，彼はこのデバイスの基本特許を申請した．特許は1950年10月3日に権利化された[14]．いくつかのデバイス構造を提案し，正常層と逆転層を含む二重の半導体装置の中で可変電場により電流を変化させるようにした．彼の発明の経緯は日本のテレビにより行われた会見で彼自身が簡単に触れている[15]．

誘起空乏と接合型電界効果トランジスター

　図9.8で模式的に示したように，半導体層のどちらかの側においてpn接合の電極電圧をベースに対して変化させると，少数キャリアがベース領域に押し寄せ，適当な条件下で多数キャリアに置き換わる．これに対応するバイポーラー接合トランジスターの効果を図9.10に示す．

　図9.10はpn接合の使い方をもっと直接的なものにした電界効果トランジスターの改良型を示す．逆転層の境界の移動はバーディーンの特許に記載されたものである[16]．最初の型はショックレイの指示により1953年にデーシィ（G.C. Dacey）とロス（I. M. Ross）がつくった．図9.8でゲート電圧はpn接合と直接電気的に接触しているため，反転領域の振る舞いは電極から接合に入る電流によって決まる．逆に，二酸化シリコンは半導体の系から電極を絶縁するのに使うことができる．この場合，反転層は電極上の電圧により決められる．これが初期の実用的金属-酸化物-半導体電界効果トランジスター（MOSFET : Metal-oxide-semiconductor field effect transistor）の基本で，当時は接合型電界トランジスターと呼ばれた．装置技術の発展と共に，いわゆる相補型電界効果トランジスター（CMOS : Complementary metal-oxide-semiconductor field-effect transistor）によって置き換えられたが，これもバーディーンの初期の特許の範囲内にあるものと見られる．

　反転または空乏領域は静電結合デバイス（CCD : Charge-coupled devices）のような他の重要な用途を見出すのにも役立った．

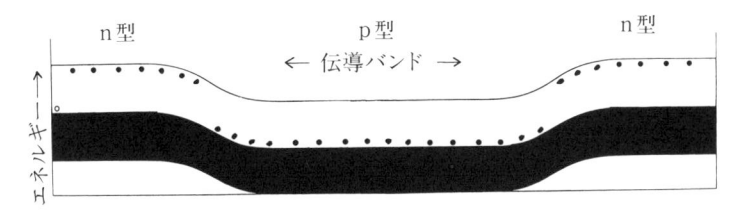

図9.10　バイポーラー接合トランジスターの図中に示した空乏効果．図9.7に示したトランジスターの基板にかけた電圧はエミッターに対し強い正となる．この図で示すように，電子がエミッターとコレクターからベース領域に流れ，その多数キャリア（この場合は正孔）のいくつかはベースを空乏化する．

フランスのトライオード発明

　1946年にフランスで組織された研究チームは，フランスの会社であるウェスティングハウスE.アンドS.社の支援により，パリ近くの研究所でマイクロ波用ゲルマニウム・ダイオード開発の目的で研究を始めた．戦時中，ドイツのテレフンケン社で働いていたマタレ（Herbert Mataré）はフランスのチームに加わるよう招かれた．彼はたくさんの経験や情報とともにウェルカー（H. Welker）から分けてもらった比較的純粋な多結晶ゲルマニウム試料を持ってきた．1946年初期，マタレの刺激を受けたこのグループは基板の電極に沿って二つの点接触探針を使ったトライオードを開発する試みに挑戦した．結晶粒にまたがって探針を置いた場合，少数キャリアを注入したときのマッチング条件が整ったとき，バイポーラー点接触トランジスターでバーディーンとブラッテンが行ったのと同様な効果があった．この研究の一部を支援していたフランス郵政省のトーマス大臣はこの新しい発見に大きな興味を持った．トライオード効果を内容とする特許が1948年8月に申請され，1954年に特許化された．

図 9.11
マタレ（Herbert F. Mataré）．
　1946年，ウェルカーとともに多結晶ゲルマニウム・ダイオードを開発するため，フランスチームに加わった．第二次世界大戦中はドイツで研究していた．1947年，彼らのチームは結晶粒にまたがる点電極を使って，トランジスター効果を発見した．特許が出され注目を浴びたが，まもなくベル電話研究所の発見に負けた（最近の撮影でマタレ教授の好意による）．

この発見は，この時期にフランスの技術新聞で大きなニュースとして扱われ，世界的な関心を引き起こした．これに対し，当時のベル電話研究所で進められていた研究開発に関する宣伝は十分でなかった．

なお，上述のフランスの研究史の調査についてはエーグラン（Pierre Aigrain）とマタレの助力に感謝する．

シリコン対ゲルマニウム

当初，将来の実用的開発でシリコンとゲルマニウムは同じように使われると考えられていた．しかし，その後の研究で，シリコンの持ついくつかの特性によってシリコンはゲルマニウムより非常に優位なことがわかった．第一にシリコンは自然に多く存在し供給に関して何の問題もない，第二にシリコン・デバイスはゲルマニウム・デバイスよりも広い温度範囲で駆動できる，第三に非常に純粋な原料を使えば非常に純粋なシリコン結晶が得られる，第四にティール（Gordon K. Teal）が実演したように商業的な規模のすばらしい単結晶が得られる[17]．そして，シリコンの酸化物（SiO_2）は特性のよい非常に安定な絶縁体であり，良好な化学障壁になることであった．

ケリーの決断と特許の公開

ベル電話研究所長のケリー（Mervin Kelly）は将来を見通し，トランジスターのさらなる発展はベル電話研究所だけに限っていてはいけないと考え，できるだけ広い機関で開発をすべきだと決断した[18]．当初，この考えは米国国防総省によって反対された．新しい技術は軍事的にも非常に重要で，その独占的所有と開発は国家の重要機密として保つべきだと考えた．ボーン（R. Bown）はこの意見を反生産的であるとして，国防総省を説得する困難な仕事を引き受け，遂に特許の公開に成功した．このようにして，特許の使用が1954年に許されることになった．基本特許を使う契約は 25,000 ドルというそれほど高くない値段に決められ，この技術に興味ある人たちの手に入った．ただし，特許の使用権は技術の発展のために新しい考えと技術を生み出せると期待される研究所を選んで与えられた．この選択は敏速に行われ，特に広い範囲

の研究開発を目ざす企業や新しい発展に危機感を感じている研究者が選ばれた．

初めの製品の中ですぐ成功したものはゲルマニウム・トランジスターを使用した軽量の補聴器であった．

テキサスインストゥルメント，IBM および他の参画企業

テキサス州ダラスに本社を置くテキサスインストゥルメント（TI: Texas Instruments）社は，1951年，その仕事の中心にトランジスターを用いた部品を作ることに決めた[19]．第二次世界大戦以前のこの会社の仕事は地震工学を用いた石油の地理的探索であった．また，戦時中は潜水艦を探知する技術会社であった．最初，AT&T はこの基盤の弱い小さな会社に許可を与えることをためらったが，最終的には認めた．まもなく，この決定が十分妥当であることが明らかになった．第二次世界大戦が終わってから TI 社に加わったハガティ（Patrick E. Haggerty）は驚くほど有能で将来を見通せる技術経営者であり，彼の指導によって TI 社は間もなく設計と製造の問題，新デバイスの使い方などで非常に創意工夫に富んだ機関の一つになった．

インターナショナルビジネスマシン（IBM: International Business Machines）社はトランジスターなどとは縁のない分野の会社で，事務機器の製造に資本を投下していたが，この分野の将来を無視できないと考えた[20]．IBM の経営者たちは当時プリンストンの先進研究所にいたフォン・ノイマン（John von Neumann）のディジタル電子回路に合ったプログラムを使って計算する，将来の革新技術についての考え方に注目した．IBM がこの分野で強い企業になることを知識の方も望んだのだろう．この発展の途中で IBM はベル電話研究所と競ういくつかの立派な研究所を設立した．

ヒューレットパッカード（HP: Hulett-Packard）社やモトローラ（Motorola）社のような器械・装置の製造会社はこのような革命的で新しい発展を無視できなくて，主な参画会社になった．

デュポン社のシリコンと選択

　トランジスターの発見後間もなく，ベル電話研究所はデュポンに戦時中のダイオード混合器に使用した非常に高品質のシリコンを再び製造するよう頼んだ．ノースカロライナ州ブレバードに建てられた製造工場は，純粋のトリクロロシランを水素で還元するものであったが，競争相手のジーメンス社が新しいプロセスを開発したので，1950年代の非常に短い間だけで操業を停めた．デュポン社はジーメンス社と同品質の製品を開発しようとしなかったので，市場専有率も回復できなかった．この決定は当時のデュポン社にとっては正しかった．というのは，会社としては化学ポリマーの開発・生産・商品化に主力を注いでいたし，単結晶シリコンのウェハの生産が何十億ドルもの仕事になる見通しもなかったからである．

ノート：9

（1） この章の執筆にあたって Lillian H. Hoddeson と Nick Holonyak（イリノイ大），Ian Ross, William F. Brinkman（ベル電話研究所）に深謝する．*Crystal Fire* by M. Riordan and L. H. Hoddeson (New York : Norton, 1997), William Shockley, "The Path to the Conception of the Junction Transistor," *IEEE Transactions on Electron Devices*, vol. ED-23, no. 7 (1976) ; W. B. Shockley, *Electrons and Holes in Semiconductors* (New York : Van Nostrand, 1950) ; Sidney Millman, ed., *A History of Engineering and Science in the Bell System* (*1925-1980*) (Short Hills, N. J. : AT & T Bell Telephone Laboratories, 1983) ; Lillian H. Hoddeson, "The Discovery of the Point-Contact Transistor," *Historical Studies in the Physical Science* 12 (1981) : 41 および "Research on Crystal Rectifiers during World War II and the Invention of the Transistor," *History and Technology* 11 (1994) : 121. W. B. Shockley の伝記については，*Biographical Memoirs of the National Academy of Sciences,* vol. 68 (1996), p. 305.

（2） *Physics Today* 45, no. 4 (Apr. 1992)．バーディーンとブラッテンに関する情報についてはホロニャックに感謝する．Bardeen, in 1990 by Japanese television NHK. Bardeen: a meeting of the Antique Wireless Association, Canandaigua, New York, Sept. 27, 1986, Hoddeson, "The Discovery of the Point-Contact Transistor."

（3） M. Riordan と L. H. Hoddeson は彼らの著書 "Crystal Fire" の中で，J. Becker と W. Brattain が亜酸化銅を用いて 1930 年中頃に電界効果トランジスターを試みたが失敗したと述べている．その頃の歴史については Berthold Bosch の "Der Werdegang des Transistors 1929-1994（未発表）がある．ライプチヒ大学の Lilienfeld も同様の研究をしている．彼の業績については，W. Sweet, "American Physical Society Establishes Major Prize in Memory of Lilienfeld," *Physics Today* 41, no. 5 (May 1988) : 87. Lilienfeld は以下の 3 特許を出しており，現在の電界効果トランジスターに非常に近いものである．(1) J. E. Lilienfeld, "Method and apparatus for controlling electric current," U. S. Patent No. 1,745,175, filed Oct. 8, 1926, granted Jan. 28, 1930 ; (2) "Device for controlling electric currents," U. S. Patent No. 1,900,018, filed Mar. 28, 1928, granted Mar. 7, 1933 ; (3) "Amplifier for electric currents," U. S. Patent No. 1,877,140, filed Dec. 8, 1928, granted Sept. 13, 1932. C. T. Sah, *Proceedings of the IEEE* 76 (1988) : 1280. Lilienfeld の情報については Lillian H. Hoddeson と Probir K. B. Bondyopadhyay に感謝する．ベル電話研究所の J. B. Johnson は Lilienfeld の特許を追試した．J. B. Johnson, *Physics Today* 37, no. 5 (May 1964) : 60. Virgil E. Bottom, *Physics Today* 37, no. 2 (Feb. 1964) : 24.

9　個別トランジスター　*187*

(4) J. Bardeen, "Surface States and Rectification at a Metal Semi-Conductor Boundary," *Physical Review* 71 (1947) : 717. W. E. Meyerhof, which follows this : "Contact Potential Difference in Silicon Crystal Rectifiers," ibid., p. 727. I. Tamm, "Über eine mögliche Art der Elektronenbindungen an Kristalloberflächen," *Physikalische Zeitschrift der Sowjetunion* 1 (1932) : 733.

(5) J. Bardeen and W. H. Brattain, "Physical Principles Involved in Transistor Action," *Physical Review* 75 (1949) : 1208.

(6) Bardeen and Brattain, "Physical Principles Involved in Transistor Action." Audiotaped lecture Bardeen gave in 1986 to the Antique Wireless Association, the 1990 videotaped interview with Japanese television NHK.

(7) W. Schottky and E. Spenke, *Wissenschaft Veroff. Siemens Werken* 18 (1939) : 225.

(8) Millman, *History of Engineering and Science* ; J. H. Scaff, "The Role of Metallurgy in the Technology of Semiconductors," *Metallurgical Transactions* 1 (1970) : 562.

(9) Shockley, *Electrons and Holes in Semiconductors,* p. 59.

(10) Shockley, *Electrons and Holes in Semiconductors.*

(11) J. N. Shive, *Physical Review* 75 (1949) : 689.

(12) L. Hoddeson et al., eds., *Out of the Crystal Maze* (New York : Oxford University Press, 1992), p. 470.

(13) R. G. Hibberd, *Solid-State Electronics,* Texas Instruments Electronics Series (New York : McGrow-Hill, 1968).

(14) 特許：J. Bardeen, "Three electrode circuit element using semiconducting materials," U. S. Patent No. 2,254,033, filed Feb. 26, 1948, granted Oct. 3, 1950.

(15) Bardeenのビデオテープインタビュー, Japanese television NHK, 1990.

(16) W. Shockley, "A Unipolar Field Effect Transistor," *Proceedings of the IRE* 40 (Nov. 1952) : 1365 ; G. C. Dacey and I. M. Ross, "The Field Effect Transistor," *Bell System Technical Journal* 34 (Nov. 1955) : 1149 ; idem, "Unipolar Field Effect Transistor", *Proceedings of the IRE* 41 (Aug. 1953) : 970. Texas Instruments Electronics Series commissioned by Texas Instruments and published by McGraw-Hill : R. H. Crawford, *MOSFET in Circuit Design* (1967) ; W. N. Carr and J. P. Mize, *MOS/LSI Design and Application* (1972).

(17) Gordon Teal, W. R. Runyan, K. E. Bean, and H. R. Huff, in *Semiconductor Materials and Processing (Part A Materials),* ed. J. F. Young and R. S. Shane (New York : Marcel Dekker, 1985) ; H. R. Huff and R. K. Goodall, "Silicon Materials and Metrology : Critical Concepts for Optimal IC Performance in the Gigabit Era," in *Semiconductor Characterization,* ed. W. M. Bullis, D. G. Seiler, and

A. C. Seibold (New York : American Institute of Physics Press, 1996).

(18) Kellyは電話中継所の使用経験から真空管の限界を述べていた.

(19) Patrick E. Haggerty, *Management Philosophies and Practices of Texas Instruments* (Dallas : Texas Instruments, 1965) ; reprinted from *Proceedings of the IEEE* (Dec. 1964).

(20) Michael S. Malone, *The Microprocessor* (Santa Clara, Calif. : Telos, Springer, 1995).

10 バーディーンとショックレイ：新たな出発

　バーディーンとショックレイの緊密な協力関係は，1945年の半導体3極管（トランジスター）開発の初期に始まったが1950年には解消された．この原因はバーディーンが目指していた研究のためである．彼は大学を卒業してから，金属で起こる超伝導現象に興味を持ち，その原因を突き止めることに研究生活を捧げたいと願っていた．ベル電話研究所は彼が留まって超伝導を研究するのを許したが，彼は大学で学生・研究生などの協力者と一緒に，もっと集中して研究することを望んだ．

図10.1　1972年にノーベル賞を受賞したバーディーン，シュリファーおよびクーパー(左から)．彼らは1911年にカメリン・オンネスが発見した超伝導体のなぞを解き明かした(デヴィッド・パイン氏とイリノイ大学の好意による)．

その頃，ラトガーズ大学のセリン（Bernard Serin）は超伝導転移温度が試料中の同位元素の含有量に敏感であることを発見し，これがバーディーンの決心を早めた．かくして，バーディーンは1911年にカメリン・オンネスが発見した低温で超伝導を示す金属では，格子振動と電子の連結現象が超伝導と関係があることを見つけた．実際，1950年代初めに大学教官の席を得るのはかなり難しかった．第二次世界大戦後には多くの復員者がおり，兵役を済ませた権利を行使して大学の教官に戻り，中途になっていた研究を継続する者が多かった．さらに，1930年代は不景気だったため出生率が低く，1950年初めの大学入学者数は少なかった．そのため，多くの大学では教官を削減していた．幸い，イリノイ大学工学部で電気工学科と物理学科を併任していたエベリット（Dean William L. Everitt）が，バーディーンが望んでいたように，この学科に良い条件で迎えることを提案した．彼はこの大学の研究者と一緒に仕事をするため，イリノイ大学へ移った．1956年，ブラッテン（Walter Brattain）およびショックレイとともにトランジスターの発明に関してノーベル賞を授与された．さらに，1972年には，クーパー（Leon N. Cooper）およびシュリファー（J. R. Sherieffer）とともにノーベル賞を授与された．これは，液体ヘリウム温度近くで超伝導を示す金属や化合物の超伝導機構を理論的に解明した功績である．

図 10.2　マッケイ（Kenneth G. Mackay）．
　バーディーンがベル電話研究所を離れた後，ショックレイとともにトランジスターの開発チームを指導した（AT & Tの好意による）．

10　バーディーンとショックレイ：新たな出発　*191*

　バーディーンがベル電話研究所を離れるとき，トランジスター開発の火を絶やさないように，彼とほぼ同時期にベル電話研究所に入ったマッケイ（Kenneth G. MaKay）が後を引継ぎ，ショックレイのグループと多少ながら並行して研究した．ブラッテンは定年になるまでベル電話研究所で働き，それから故郷のワシントンに帰った．

ショックレイのトランジスター会社

　ショックレイは1955年までベル電話研究所に勤めた．彼は職業的にも，また，世の中でも名声を得たのだが，ベル電話研究所からの報酬は彼の価値と功績を十分に評価したものではないと考え，ほかの環境でもっと良い収入を得たいと願った．そして，彼のたくさんのアイディアを活かせるような，トランジスターの研究・開発を専門にする新しい会社を持ちたいと思った．彼は若い頃

図10.3　ショックレイ(William Shockley)．
　1956年にノーベル賞を受賞したときのショックレイトランジスター会社での祝会．テーブルの奥に座っているのがショックレイ(SEMATECH社の好意による)．

にカリフォルニアに住んでいたので，1955年に故郷に帰ることを決め，企業への出資者を探した．

カリフォルニアに帰る途中，彼はイリノイ大学の旧友に会うためにアルバナシャンペーンにしばらくの間逗留した．そこで，彼が会社を起こす援助をしてくれそうなカリフォルニアの投資家達に電話で交渉した．最終的には，ベックマン（Arnold O. Beckman）に財政的な援助をしてもらうことに成功し，パロアルトにショックレイトランジスター会社を設立した．そこは，彼が十代の頃に住んでいた土地である．彼は会社の社長になり，また，社内の半導体研究所・所長も兼任した．その当時，エレクトロニクスの分野はほんの少しだけ不透明なところはあったものの，前途洋々とした新しい時代を迎えていたので，若く，はつらつとした優秀な社員を集めるのは容易だった．彼がそれまで所属していたベル電話研究所の仲間はだれも参加しなかったが，世界のすう勢を把握し，技術情報を交換するために彼らと十分に交流した．

逆説的にいうならば，ショックレイのベンチャー企業は見事な成功と不運な失敗であった．彼が採用した優秀な人材は彼から十分な教育を受けたが，彼の性格が原因で，一緒に働くことに難しさを感じていた．たとえば，物理関係のスタッフに対しては，彼自身が強い競争意識を持ってしまった．さらに，素子やデバイスを製造して儲けるよりも，価値のある特許を生み出すことを会社の主な方針とした．スタッフの多くはこれを理解しないでもっと野心的な仕事を望んだ．研究グループのリーダー達は彼らと一緒に研究するために近くに他の組織を作り始めた．これが，現在のシリコンバレーとして知られている先進的な半導体産業の始まりであった．この限りのない発展の様子を図10.4に示す．ベル電話研究所は図の左上にあり，そこから線でつながれたすぐ下にショックレイの半導体会社がある．他の会社の多くはショックレイの会社から飛び出していったものである．ショックレイの会社と関連のないものは，シリコンバレ

図10.4　シリコンバレーにおける半導体関連会社の発展図(p.193〜195)．ショックレイが会社を設立した1955年から1987年まで．左上のベル電話研究所から始まっている(Semiconductor Equipment and Materials International社の好意による)．

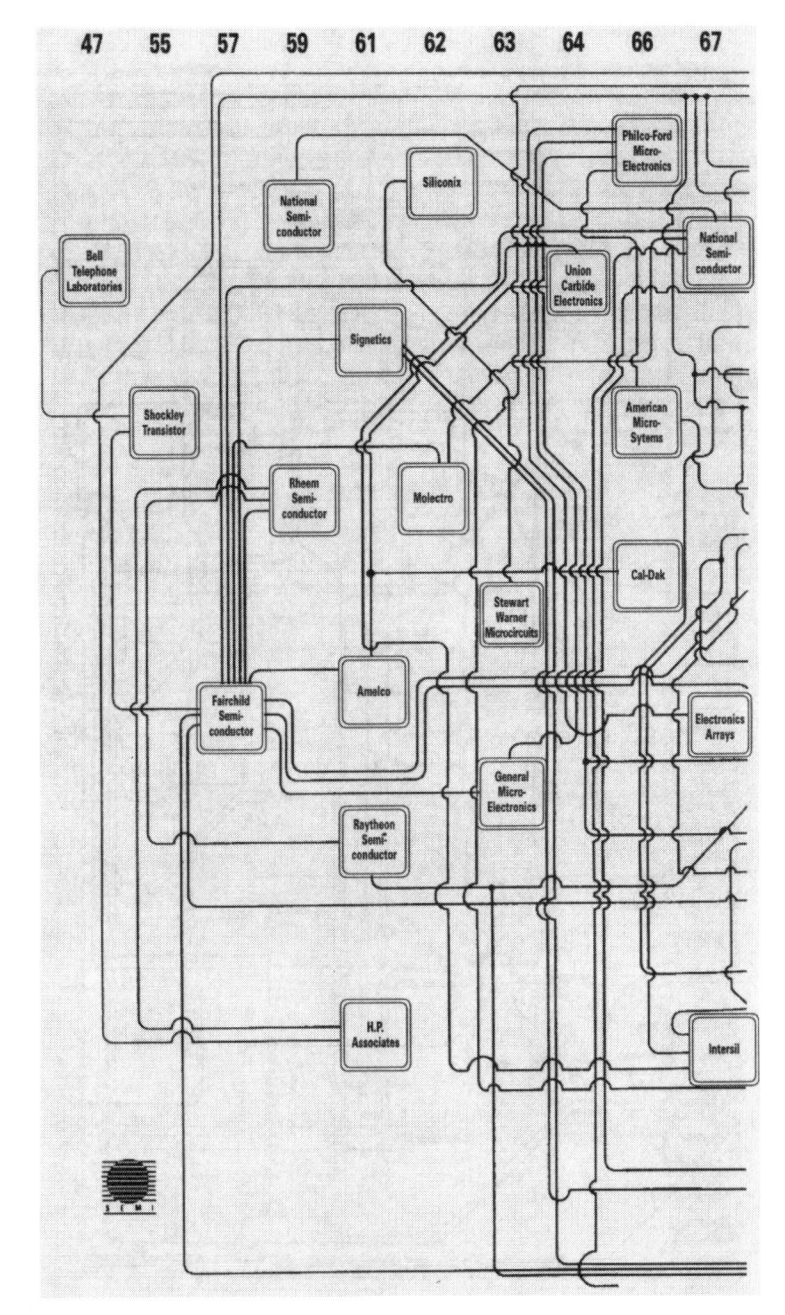

10 バーディーンとショックレイ：新たな出発 *193*

194

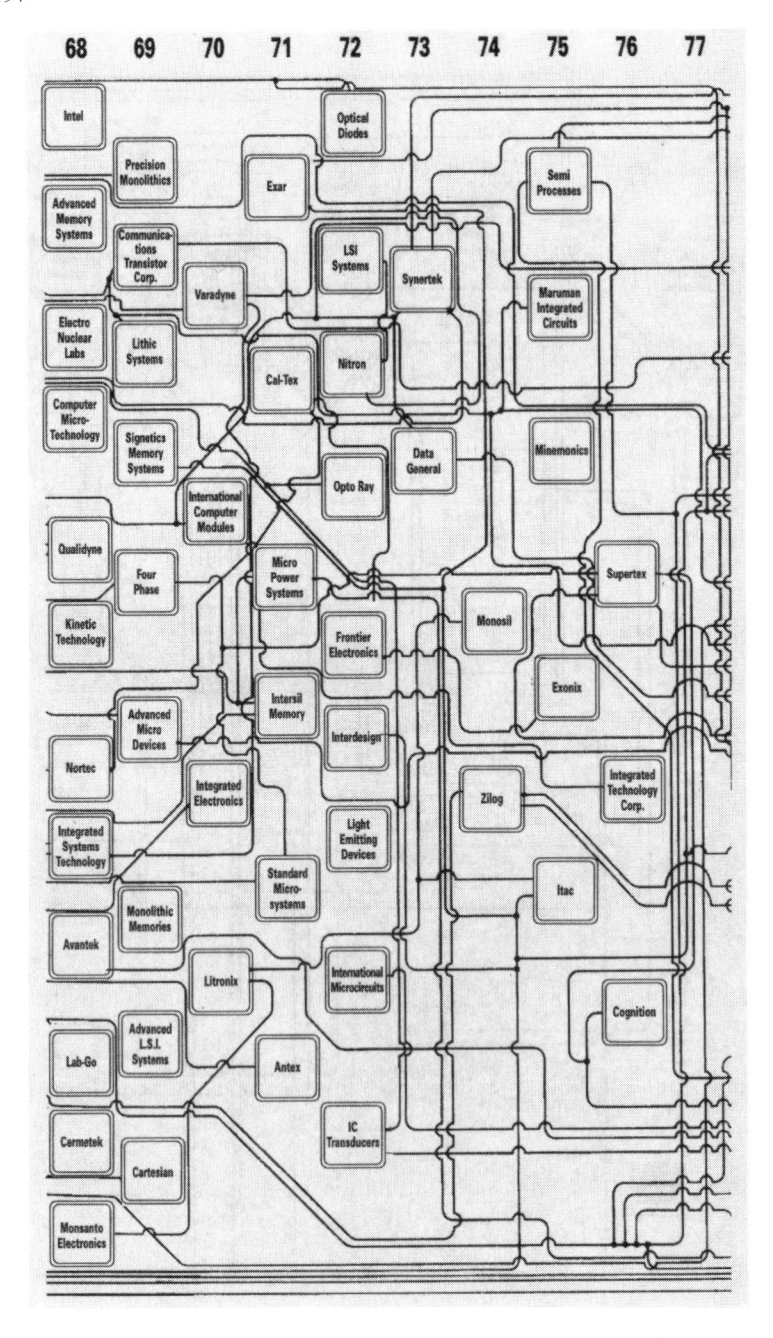

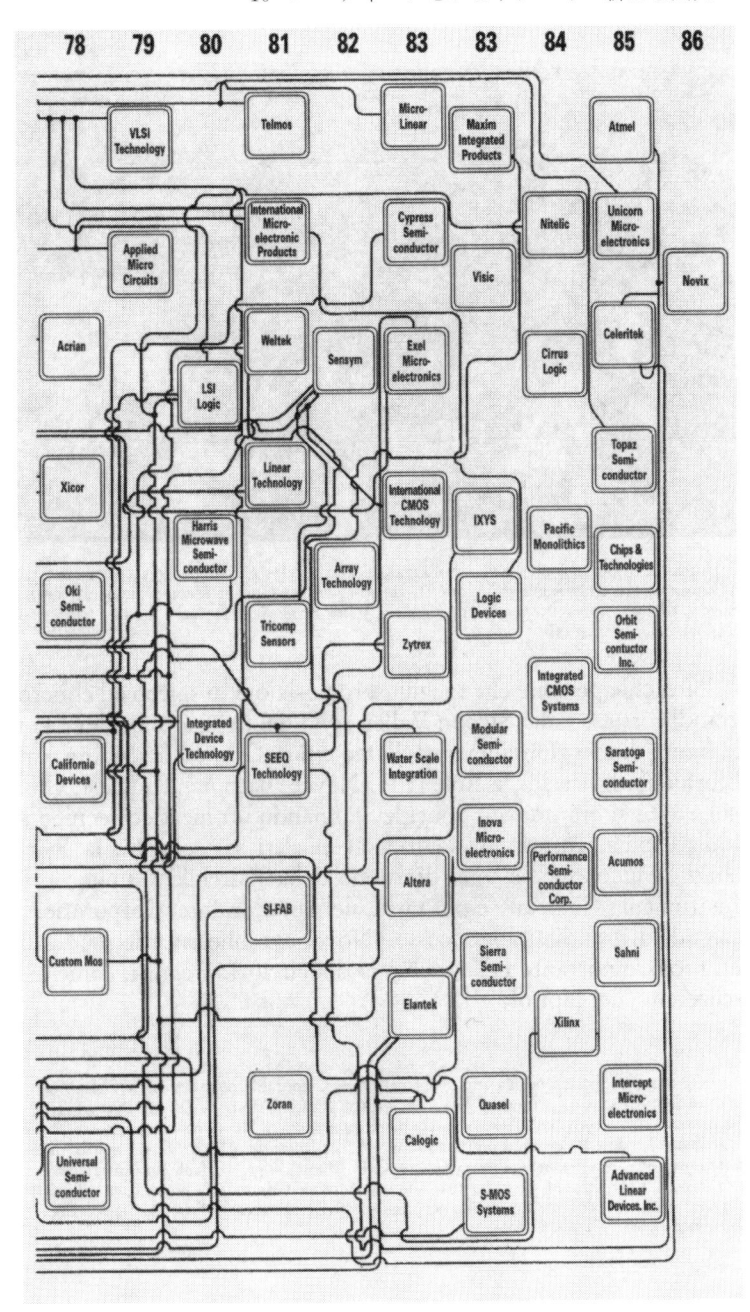

10 バーディーンとショックレイ：新たな出発 195

ーの環境を選んで設立されたり，合併した会社である．そんな中で，ショックレイは旧約聖書のモーゼのように，シリコンバレーの発展を見守っていた．

事業の成り行きがショックレイと新しい会社のスポンサーの双方に明らかになると，その変化を受け入れる合意が必要になった．そして，彼の会社は彼がコンサルタントとして働くクレバイト社（Clevite Corporation）に売却された．カリフォルニアに来てからスタンフォード大学の講師を引受け，1960年代の初めには，教授となった．

ショックレイは1961年に自動車事故にあい，辛うじて命を取り止めた．その事故が彼の人生の目標を変化させたとはいいにくいが，体が回復したのち，彼は自分の関心の大部分を優生学的な方面に向けた．特に，彼自身の基準で人種間の知的水準の差を論じた．このため，人々から悪評を買い，旧友との友情にもひびが入った．表面上，くよくよしている様子はなかったが，内心，深い

図 10.5　ショックレイの半導体会社からフェアチャイルドセミコンダクタ会社に移った八人の研究者達．左から右へ，ムーア (Gordon E. Moore)，ロバート (Sheldon Roberts)，クライナー (Eugene Kleiner)，ノイス (Robert N. Noyce)，グリニッチ (Victor Grinich)，ブランク (Julius Blank)，ヘルニ (Jean Hoerni)，ラスト (Jay Last) である (SEMATECH社の好意による)．

挫折感を持っていたかも知れない．

　シリコンバレーで成功し，有名になった人たちはショックレイに何らかの恩恵を受けている．最も成功した人は，カリフォルニア出身のムーア（Gordon E. Moore）と中西部出身のノイス（Robert N. Noyce）である．彼らは，フィラデルフィア時代の1956年から技術職としてショックレイの下で働いた．二人は一緒に退社した六人とフェアチャイルド写真機会社の系列としてフェアチャイルドセミコンダクタ社を設立した．その後の1968年，彼等は最も成功したインテル社（Intel Corporation）を創立した．ノイスは12章で述べるように，集積回路の開発に重要な役割を果たした．

ノート：10

(1) F. Seitz, *On the Frontier : My Life in Science* (New York : American Institute of Physics, 1994).

(2) Gordon E. Moore, *Daedelus* 125, no. 2 (1996) : 55 ; *Robert N. Noyce, 1927-1990* (SEMATECH, 1991), Tom Wolfe, "The Tinkerings of Robert Noyce," *Esquire,* Sept. 1983. Gordon E. Moore とのインタビュー, "Principia Moore," *Interface* 6, no. 1 (1997) : 18.

11 技術と論理素子の発展：1948-60

　集積回路の発明とマイクロプロセッサーへの展開を述べる前に，個別トランジスター発明の後の大きな技術的進展を述べなければならない[1]．トランジスターに挑んだ多数の国際企業は基本的考えをあまり持たないで仕事を始めた．この時期のシリコンとゲルマニウムはダイオードの初期の研究結果から常識的な物質になっていた．ただし，ある量まとめて信頼のおける接合トランジスターを生産するために必要な手順や基準は実質的には理解されていなかった．また，半導体を最も有効に使いこなす物理的回路を作るのに必要な論理形式もわかっていなかった．

図 11.1
スパークス(Morgan Sparks)．
　ベル電話研究所でゲルマニウムを使い，最初の拡散型バイポーラー・トランジスターを作った(AT＆Tの好意による)．

化学と金属学の創造的応用，創造的技術企画，論理設計，さらに固体物理の進歩など，その後の発展は以下に述べる電気工学の二つの主な領域にまたがった基礎研究により導かれた．

第1にトランジスターは現象的に似ている真空管の置換または追補的なものと見なされていた．これには，たとえば，通常のラジオとテレビの送受信も含み，周波数帯は音波や走査された目に見える画像を運ぶ搬送周波数につながっている．

第2に電気パルスの計算，スイッチングや計数のような不連続な論理過程のプログラムと呼ばれるものへの応用がある．工業の両分野はすでに非常に重要であったが，第二次世界大戦中にペンシルバニア大学でエカート（J. Presper Eckert），ゴールドシュタイン（Herman Goldstine），およびモウチュリー（John W. Mauchly）らによって開発された，ENIACのような2進法でディジタル・プログラムされた電子計算機の出現のため，さらに注目されることになった．ENIACはフォン・ノイマン（von Neumann）が設計し，数箇所に据え付けられていた[2]．

実際，オルドヴァック（Ordvac）やイリアック（Illiac）とよばれるような実動する計算機がイリノイ大学で作られた．これらの初期の電子ディジタル計算機は，当時にしてみれば驚くべきことに数百個，時には数千個の真空管がその回路に使われた．その結果，電子放射陰極を熱するだけで大電力を消費するだけではなく，断線するまでの寿命が短いことに悩まされた[3]．トランジスターで満足して置き換えられ，そのまま発展の道をたどるかどうかを疑問視するのは当然のことであった．

論理要素

2進法システムを用いた電子計算機に必要な回路要素の型についてはすでに多くの考えが提案されていた．三つの基本的要素，すなわち，システム全体の回路図に従って，適切な相互接続をするのに必要な「ゲート」はORとANDとNOT回路である．第1のORは二つまたはそれ以上の入力と一つの出力である．パルスを受けた全ての入力はパルスを出力する．ANDゲートも数個の入力と一つの出力がある．ただし，すべての入力が受け入れられるときだけ出

力信号を出す．NOTゲートは一つの入力と一つの出力しかない．出力は入力の逆の性質を持ち，そのため，時には「インバーター」と呼ばれる．実際，NOTとANDゲートは目的により一つの素子に統合され，NOTとORゲートでも同じである．

ディジタル計算機の動作ステップは，通常，水晶のピエゾ電気制御発信器に同調させた回路により制御したディジタル・クロックから，励振信号の下で同時に動かされた．

ゲルマニウムとシリコンの役割

ゲルマニウムは研究と開発の最初期に選択された素性の知れた半導体であった．第二次世界大戦中に良い資源が発見されて以来，その当時に必要な量は容易に手に入った．ゲルマニウムの融点は958℃で，シリコンの融点1412℃に比べてかなり低い．1952年にファン（William G. Pfann）により開発された帯溶融法（図11.3）により，かなり高度に精製した単結晶を作ることができた．表面の酸化物は水に溶けるが，この親水性酸化物は疎水性ゲルの中に細かく包まれているので，実用的には無視することができた．

図11.2
ファン（William G. Pfann）．
　帯溶融精製の技術を開発した．ゲルマニウムの純度向上に非常に有効であった（AT&Tの好意による）．

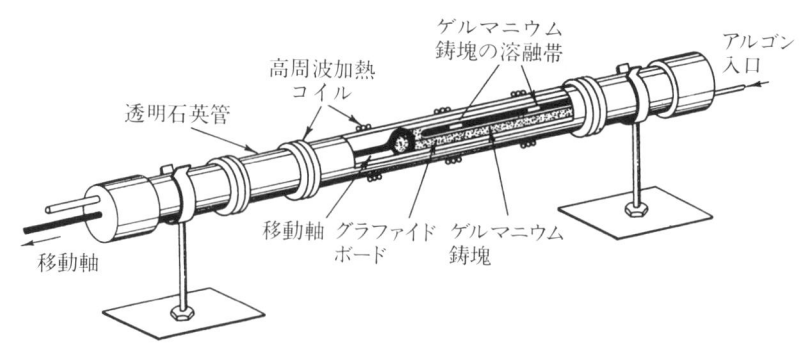

図11.3 ゲルマニウムの帯溶融精製のためにファンが用いた装置の模式図．多結晶半導体が入ったボートは結晶が局部的に融けるように設計された炉の中の高温帯を次々に通過し，融解と凝固を繰り返すことで精製が進む．不純物が液相に残るような材料の場合，この方法が適用できる（Hibberdの好意とTI社の許可による）．

図11.4 帯溶融精製装置の操作を見るファン（William G. Pfann）とスカッフ（Jack Scaff）．手前のスカッフはこのプロセスで精製したゲルマニウムの単結晶を手に持っている（AT＆Tの好意による）．

シリコンはゲルムニウムに比較して温度に敏感でなく，ヘテロダイン混合器として使われたシリコン点接触型ダイオードで示した良好な特性は無視できないものだった[4]．さらに，ゲルマニウムの酸化物と違って，シリコンの表面上に形成された酸化物層（SiO_2）は電気的絶縁体と化学的防護膜として非常に良好な性質を持っている．しかし，高純度のシリコン単結晶が得られるまで，トランジスター用としては使えなかった．

1950年代初め，テキサスインストゥルメント社は半導体としてシリコンを使うべきだと決めた．このときまで，シリコンは多結晶の形で使われていた．多結晶では，トランジスターのベース領域を少数キャリアが通るとき，結晶粒界や関連する格子欠陥（図9.9）がトラップとして働く，という欠点があった．その結果，以前ベル電話研究所で研究仲間のリトル（J. B. Little）と結晶

図11.5 ティール(Gordon K. Teal)．
半導体トランジスター工業での主要な進歩である純粋なシリコンの単結晶を成長するのに成功した．いくつかの方法からチョクラルスキー法(回転引上げ法，図11.6)が最も適していることを発見した(アメリカ物理学会，Physics Todayコレクションの好意による)．

成長を研究していたティール (Gordon K. Teal) は，シリコンの単結晶を育成する研究開発計画についてテキサスインストゥルメント社からかなりの支援を得た．結晶成長の技術は結晶の化学・構造および物理的性質に興味がある基礎科学者と応用技術者が20世紀初頭から大きな関心を持っていたものである．

いくつかのテストをした後，テキサスインストゥルメント社のチームは第一次世界大戦の終わりにチョクラルスキー (J. Czochralski) により開発された，いわゆるチョクラルスキー法(回転引上げ法)を使うことに決めた．これはティールとリトルがベル電話研究所時代に実験的に成功したものだった．この方法は図11.6で示すように温度勾配のある回転棒を用い，その端に所望の結晶方位を持つ種結晶を付ける．この種結晶を結晶させる物質の融液，この場合は融けたシリコンに接触させ，回転させながらゆっくりと引き上げる．装置は坩堝(るつぼ)の適切な選択も含め多くの難問が解決されると，非常に有効な方法であ

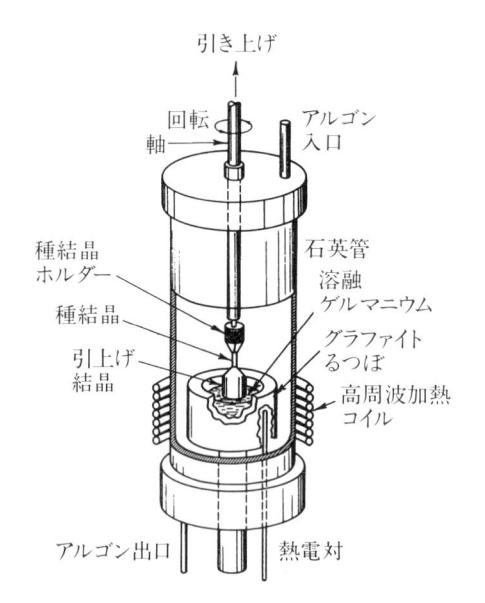

図11.6 単結晶を成長させるためのチョクラルスキー法を示す模式図．
回転棒の端に所望の結晶方位の種結晶を付け，これを高純度の溶融したシリコンに接触する．回転棒をゆっくりと引き上げ，所望の直径のシリコンを得るよう熱的条件を制御する．この丸棒状シリコンから板(スライス)やウェハ(wafer)を切り出す(HibberdとTI社の好意による).

ることが証明された．この方法は現在幅広く使われており，シリコンの場合直径 20 センチメーターあるいは 40 センチメーターの単結晶が作られている（図 15.9）．この結果，シリコンの化学および物理的品質の新しい規準が得られた．製品の標準化ができたのは商取引の上でも大きな出来事であった．これに対して，ゲルマニウムはシリコンの持つ優れた性質に欠けていた[5]．その後間もなく（1954 年），テキサスインストゥルメント社はシリコン・トランジスターを使い，電池を電源にした軽量の周波数変調（FM）ラジオを市販した．これによって，半導体デバイスの広い商業化が可能なことを示した．後の分析結果によれば，余りにも価格を低く設定した結果，数多く売れはしたものの儲けは少なかった．しかし，新しい時代は確かに到来した．

トランジスターの製造法

接合トランジスターを製造する最も初期の方法は直接拡散法であった．n 型か p 型かの特性を決める不純物元素を含む金属合金の層を逆の伝導型を持つ半導体の板に溶接する．それから，合金中の不純物元素を半導体に拡散させるためにこの素子を熱し，pn 接合を作る．この素子の表面金属層はエミッターとコレクターの導線に結合する接合基盤として使う．そして図 11.8 で示すように最初の半導体板の一部がベースとなる．

このような基礎技術から出発したが，1950 年代に物理，無機および有機化学，金属学，結晶学から引き出された技術が加わり，さらに，以前は他の目的のために使われたあまり関係がないと思われた技術も応用されるようになっ

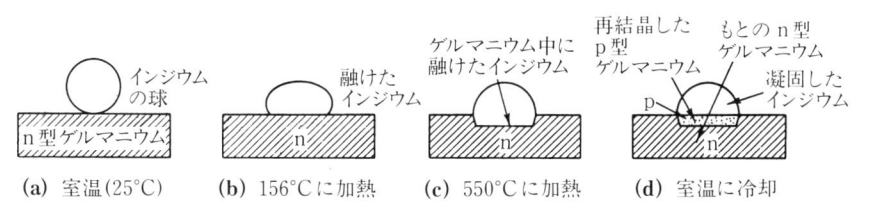

(a) 室温(25°C)　(b) 156°C に加熱　(c) 550°C に加熱　(d) 室温に冷却

図 11.7　ゲルマニウム・トランジスターの初期に使われた製造方法の模式図．pn 接合を得るために n 型ゲルマニウム上でインジウムを融かし，合金化させて p 型層を作る（Hibberd と TI 社の好意による）．

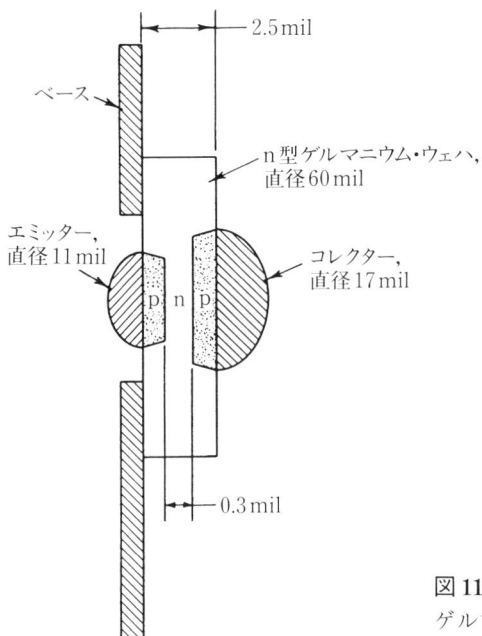

図 11.8 合金拡散法により作られた金-ゲルマニウム・トランジスターの模式図（Hibberd と TI 社の好意による）．

た．半導体単結晶では，キャリアが移動するときトラップしたり障害物として働く好ましくない元素の濃度を減らし，伝導型を決める所望の添加元素の量を含めて，化学成分の濃度に非常な注意を払って結晶を成長させる．4章で述べたように，現在では電気的に活性な不純物濃度として10兆分の1またはそれ以下の濃度に制御されている．

1940年代のバイポーラー・トランジスターの発明の後，間もなく結晶格子中の欠陥はエミッターとコレクターの間のキャリアをトラップすることによってトランジスターの動作を妨げることがわかった．その結果，結晶学者が開発した欠陥の研究技術が半導体結晶の欠陥を検出するために導入された．装置や技術はしばしば改良され，半導体用に設計された装置を使って精密な検出が可能になった[6]．

蒸発や昇華の技術を用いると半導体結晶の上に結晶格子の連続性を保たせた半導体層を堆積することができる．これをエピタキシャル成長という．電気配線や電極用の金属層は蒸発あるいはスパッタリング法により作られる．二酸化

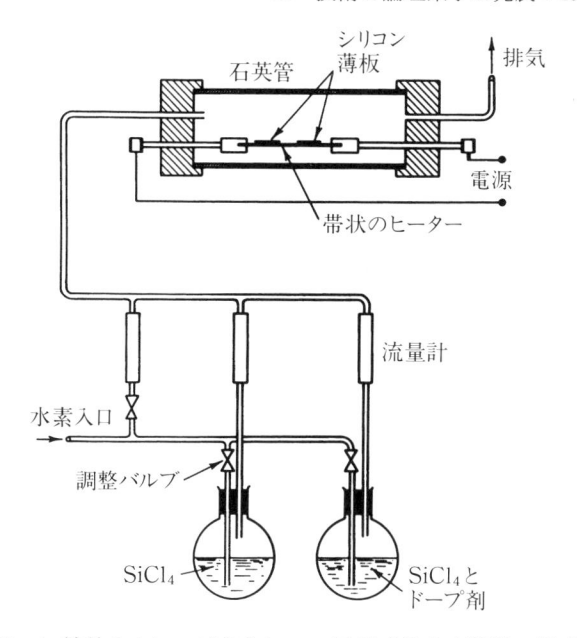

図 11.9 シリコン結晶の上にエピタキシャル層が成長する装置の模式図．この場合には四塩化シリコンとドーピング元素を含む四塩化シリコンが原料．前もって決められたドーピング元素は水素ガスにより四塩化シリコンガスとともにシリコンスライスが入っている石英管製の炉に運ばれる（Hibberd と TI 社の好意による）．

シリコンは電気的絶縁体として働くように所望の場所に形成され，さらに，キャリアの表面トラップの原因となる汚染を防止する保護膜として，乾燥酸素中の酸化法により作られた．また，二酸化シリコン層に覆われている領域ではドーパント元素の拡散が防止される．

マスキングとフォトレジスト材料の使用

電極材料などを形成したい場所だけに形成するために，試料の表面を選択的に覆うマスクが開発され，素子の微細化が進むにつれ発達した．これらの操作はコダックが開発したフォトレジスト，すなわち，適切な波長の光に露光されたとき，比較的溶けにくい結合になるポリマーの膜を使うことにより実現された．マスクのデザインによって決められたポリマーの非露出部分は溶け，下の

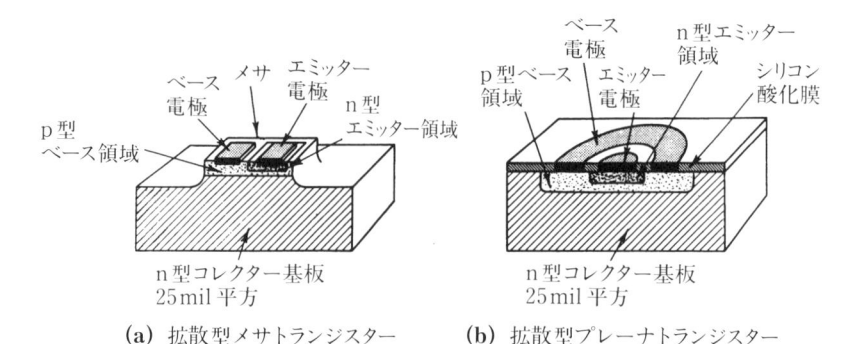

(a) 拡散型メサトランジスター　　　**(b)** 拡散型プレーナトランジスター

図11.10 拡散型シリコン・トランジスターの二つの素子構造．両型ともコレクターである結晶の上に作られている．左図のデバイスでは基板がメサ(丘)状をなし，コレクターの上部に基板への拡散によってエミッターが作られる．右図のプレーナー(平面)デバイスは平らなシリコン・ウェハのベースの中にエミッターを拡散法で作る(HibberdとTI社の好意による)．

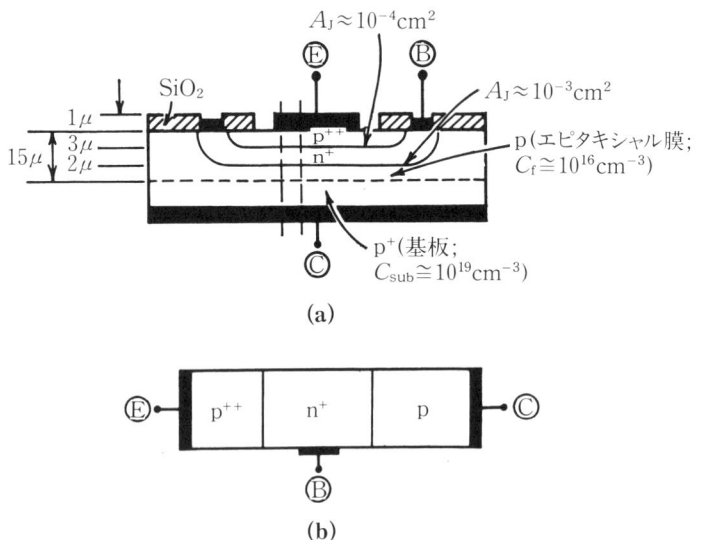

図11.11 進歩した個別プレーナー型トランジスターの断面図および各部のドーピング量と寸法．エミッターⒺ，ベースⒷ，コレクターⒸは円で囲まれた大文字で書かれている．C_{sub}とC_fはコレクターの二つの部分のドーピング量，A_jは接合の幅である．下図はバイポーラー接合型トランジスターの基本構造を模式的に示したものである(インテル社のGroveの好意で，彼の著書からJohn Wileyの許可を得た)．

シリコンの部分が露出する．この部分に添加元素を選択的に導入するか，金属，半導体，酸化物などの層を堆積できる．さらにフォトレジストを使えば，電極や配線の加工ができる．

実際，このようなフォトレジストを使う技術は，接近爆発信管付きミサイルについての戦時中の研究結果で，微細化・集積計画の一部として陸軍のダイヤモンド陸軍信管研究所で最初に開発された．

イオン注入

1960年代には，ベル電話研究所のグループが核物理と核化学の実験を行うために開発した加速装置を使い，所望とする不純物をイオン化してシリコンに注入する方法を開発した．拡散法に比較して容易に，かつ精密に不純物量を制御できるようになった．現在，イオン注入技術は集積回路の標準的製造プロセスになっている．

機 械 化

製造工程の機械化は多くの開発で着実に進歩した．初期の目的は労働コストの低減で，これは一定の役割を演じたが，もう一つの動機は品質の良い製品の歩留まりを高めるための機械化または自動化システムによる設備制御であった．機械化による製造方法が進むにつれ，1970年代以後は他の工業よりもさらに高度に機械化することが要求された．現在の集積チップの製造装置「ファブ（Fab）」は先端科学の偉大な業績である．

技術の多様性：メサ型とプレーナー型トランジスター

需要の増大に従って最適な設計と品質を持つ個別トランジスターの製造法を開発するために，1950年代には多くの研究所で膨大な研究が行われた．これには，デバイスの種々の部分でのキャリアの性質を決める原子構造や添加物を取り入れる方法の研究も含まれていた．

この時代，接合トランジスターの二つの主な型として「メサ」（丘を意味す

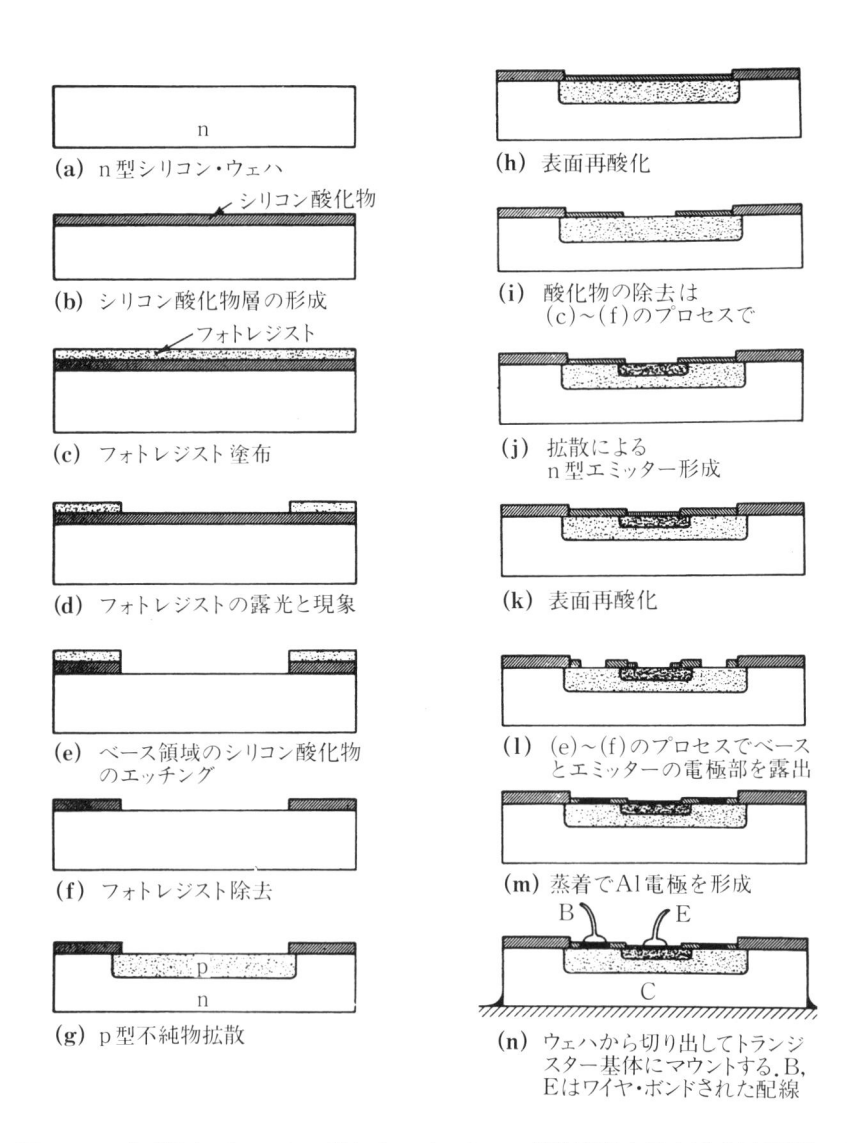

(a) n型シリコン・ウェハ
(b) シリコン酸化物層の形成
(c) フォトレジスト塗布
(d) フォトレジストの露光と現象
(e) ベース領域のシリコン酸化物のエッチング
(f) フォトレジスト除去
(g) p型不純物拡散
(h) 表面再酸化
(i) 酸化物の除去は(c)〜(f)のプロセスで
(j) 拡散によるn型エミッター形成
(k) 表面再酸化
(l) (e)〜(f)のプロセスでベースとエミッターの電極部を露出
(m) 蒸着でAl電極を形成
(n) ウェハから切り出してトランジスター基体にマウントする．B，Eはワイヤ・ボンドされた配線

図11.12 典型的なプレーナー型トランジスターの製造過程を示す模式図(HibberdとTI社の好意による)．

る）および「プレーナー」（平面を意味する）として知られる構造に研究が向けられていた．前述したように，メサ構造は2個のpn接合を持ち，バーディーンとブラッテンによる発見後，ショックレイにより開発された素子の幾何学的構造を引き継ぐものである．プレーナー型はノイス（Robert Noyce）と共同研究者のヘルニ（Joan Hoerni）によりフェアチャイルドセミコンダクタ社で発明されたもので，結晶の同じ平面上に必要な回路を作る．必要に応じて電極と配線は橋渡しするように作られ，これらはシリコン酸化膜によって互いに絶縁された．このデザインは集積回路を示唆するものであった．もし，キルビーにより提案されたもう一つのステップを歩んだならば，すなわち，シリコンあるいはゲルマニウム・デバイスの全ての基本要素を平面上に作ったならば集積回路となったであろう．

いずれにしても，1950年代の終わりに平面配線の技術を開発したことは革新的な新しい発展であり，集積回路の実質的な発明と開発の出発であった．

ノート：11

（1） Texas Instruments Electronics Series, Texas Instruments 監修, McGraw-Hill ; Sidney Millman, ed., *A History of Engineering and Science in the Bell System (1925-1980)* (Short Hills, N. J. : AT & T Bell Telephone Laboratories, 1983); J. Bardeen and W. H. Brattain, "Physical Principles Involved in Transistor Action," *Physical Review* 75 (1949): 1208; A. S. Grove, *Physics and Technology of Semiconducting Devices* (New York : Wiley, 1967). See also *Materials Science and Technology,* ed. R. W. Cahn, P. Haasen, and E. J. Kramer, vol. 16, *Processing of Semiconductors,* ed. K. A. Jackson (New York : VCH Publications, 1996). A. Goldstein and W. Aspray, *Facets : New Perspectives on the History of Semiconductors* (IEEE Center for the History of Electrical Engineering).

（2） 1930年代中半にドイツの技術者 Konrad Zuse が併行して2進法のコンピューターの開発を始めた．1941年には浮動小数点のコンピューターを開発したが電気機械式であった．彼は敗戦時に真空管を使った ENIAC を知ってその大きさに驚いたという．

（3） フェルミは電子コンピューターの出現は真空管の限界からもっと先の将来と考えていた．残念なことに彼は半導体による革新を見ることができなかった．

（4） R. G. Hibberd, *Solid-State Electronics,* Texas Instruments Electronics Series (New York : McGraw-Hill, 1968).

（5） ベル電話研究所の仕事については, Millman, *History of Engineering and Science* にまとめられている．

（6） H. R. Huff and R. K. Randal, "Challenges and Opportunities for Dislocation-Free Silicon Wafer Fabrication and Thermal Processing : An Historical Review," *Conference Proceedings of the Third International Rapid Thermal Processing Conference,* ed. R. B. Fair and B. Lojek (1995); H. R. Huff and R. K. Goodall, "Material and Metrology Challenges for the Transition to 300 mm Wafers," *Conference Proceedings on 300 mm Wafer Technologies and Materials* (article based on a paper presented at the January 1996 SEMICON conference, held in Korea); Don Rose, "Future of 200 mm Wafers," *Proceedings of SEMICON/West 1993.*

12 集積回路とその発展

　第二次世界大戦における大型兵器の開発では，できるだけコンパクトな電子回路が要求された．たとえば，目標にできるだけ近づいて爆発させるために，爆弾の内部に作られた電子回路からの電波の反射で目標の位置を捕捉するのが目的であった．つまり，兵士が目で目標を定め，手投げ弾を投げるのと同じ発想である．この開発における成功は，電気的に絶縁されたセラミックス基板の上に，電子部品をできるだけ近付けて配線する最密化の手法，すなわち，集積化の技術へと向かわせた．集積化の初期の仕事は，NBS（National Bureau of Standard：米国標準局，現在の National Institute of Science and Technology）の支援の下で，グローバルユニオン社（Global Union Corporation）の中央研究所で行われた．指導者は，6章で電離層と電波の項で述べた，ワシントンにあるカーネギー研究所のツウベ（Merle Tuve）である．

　第二次世界大戦後，集積化の仕事は補聴器などのような平和な目的の装置に応用しようとする研究に広がっていった．そして，装置を製造する段階で，本質的に価格を下げるような組み立ての機械工程が開発された．それはプリント基板の発明である．これは上述の研究の中から生まれたもので，電子部品をはめ込んで配線する便利な方法である．

　トランジスターが標準的な電子部品の仲間入りをすると，これを使った装置の集積化はさらに促進されることになる．集積化が始まった初期の頃（1952年），英国のローヤルレーダー社のダマー（G. W. A. Dummar）は，「配線をしなくてもよい固体の形をした電子部品，つまりブロックができるだろう．このブロックは，絶縁，導電，整流および増幅材料の層からなり，電気的接合はそれぞれの領域に適合した状態で直接つなげられるようになるであろう」と予言した[1]．この言葉は，その後の研究者の大きな目標になった．そのゴールに最初に飛び込んだパイオニアがテキサスインストゥルメント社のキルビー

（Jack S. Kilby）およびフェアチャイルドセミコンダクタ社のノイス（Robert N. Noyce）であった．

キルビーの発明

考えついた新しい着想，つまり新しい手法をどのように実現するか，キルビーは目的に近づくための二つの道について，正直に語っている[2]．これは特別なことではなく，まず，機会を得るための用意周到さと熟慮であり，次は集積化のゴールに行き着くための熱意である．第二次世界大戦後，キルビーはグローバルユニオン社中央研究所の半導体研究開発部に就職した．しかし，夢を実現するために，1958年，実用可能な大きさの試作品が作れる大きな企業を探し，テキサスインストゥルメント社に転職した．これが彼の用意周到さである．

新しい職場で初めての長期休暇をもらえる時期がきた．ところが，彼は休暇の特典を返上した．着想，つまり集積化を成し遂げる最も良い方法を実験で確

図 12.1
キルビー（Jack S. Kilby）．
　グローバルユニオン社からテキサスインストゥルメント社に移った直後の1958年に集積回路を考えつき，そこで実用化に成功した（Jack S. Kilby の好意による）．

かめたかった．これが彼の熱意の表れである．彼の抱いていたアイディアは，半導体の基板に，トランジスター，抵抗，コンデンサを埋込み，これらを配線するもので，完全な集積回路であった．したがって，これらの素子をゲルマニウムかシリコン結晶板（ウェハ）の上に作りつけることである．会社の経営者は彼のアイディアを強力にバックアップしたので研究は急速に進み，まもなく，基本概念を示すための動作サンプルが完成した．これは1959年の3月の放送技術協会の講演会で発表された．その一方で特許が出願された．

　幸いにも，この発表は米国空軍のライト空軍研究所の目にとまり，空軍の兵器や関連装置などの技術として将来性があると認められた．そして，1960年代には従来以上の財政的な支援を獲得できた．ただし，当初は会社外の専門技術者の中の保守的な人達から，キルビーの考えに批判的な意見もあった．たとえば，抵抗やコンデンサを作ること，あるいは従来の誘導子をシリコンに置き換えることは困難だ，というものであった．これも実験によって種々の利点が示されると，次第に消えていった．たとえば，位相変換回路は従来の誘導子に替わり十分な機能を発揮した．こうして，集積化技術の将来に光が見え始めると，開発に必要な人材も集まってきた．

ノイスとフェアチャイルド社

　テキサスインストゥルメント社から発表された集積化技術に刺激されて，関連する他社からもキルビーの特許を補足するような特許が次々に申請された．最も注目されるのは，フェアチャイルドセミコンダクタ社（Fairchild semiconductor）のノイス（Robert Noyce）らが開発したプレーナー（平面）型トランジスターで（10章参照），薄くスライスした一枚の半導体にたくさんの素子を形成する基本的なものであった．プレーナー型では，Siの表面上に熱酸化して2酸化シリコンを形成するか，あるいは2酸化シリコンを蒸着し，これを信頼性の高い絶縁体として使用する．これはその後の大規模集積回路（LSI）発展の基礎技術になった．

　ヘイスティ（Turner Hasty）はキルビーとノイスの二人と交友のあった物理学者で，彼らの発明の背景をよく知っている人物である．彼の回想によれば，ノイスはキルビーと同時期に集積化を発想し，多少はケリー（Mervin

図 12.2
ノイス（Robert Noyce）．
キルビーと同時期に集積回路を発明し，その後フェアチャイルド社を創立した．彼はプレーナー型トランジスターの製造に貢献した（インテル社の好意による）．

Kelly）のような開拓者精神で，トランジスターに関する基本特許を自由なものにし，アイディアを公開して広く開発を促す考えであった．また，キルビーも最初に歩みだしたころは，遙かに広い一般的な夢を持っていた，と回顧している．いずれにしても，キルビーとノイスは特許で争うことになった．

集積回路の特許紛争

キルビーとノイスの特許権の問題は弁護士の手に委ねられ，法廷に持ち込まれた．テキサスインストゥルメント社は特許の優先権を主張し，1960年代に特許紛争に勝った．これによって，テキサスインストゥルメント社は多くの利益を得たが，特に，日本の半導体製造業を含め，世界の半導体産業を占有するのにこの強力な特許を使った．このため，当時の日本の報道陣は，「Texas Instrument」を「恥辱」という意味として使った．これは日本が半導体製造で世界の市場を席巻するまで続いた．特許の面では大きな差があったが，専門家や社会は時代を越えてキルビーとノイスの功績を平等に称えた．

記憶装置の発達

　集積回路の発明に関するもう一つの大きな成果は，データー保存装置あるいはメモリの発明である．第二次世界大戦後の電気機械式計算機の時代には，情報を保存するために紙製のパンチカードが使われていた．たとえば，その初期にはIBM社（International Business Machines Company）がパンチ機械を販売していた．

　1950年代になって，データーの保存は磁気記録へ移行しはじめた．プラスチックの発展がその端緒であり，信頼性が高く安価なプラスチックが手に入るようになると，その上に磁性粉を塗布した記録媒体が登場した．磁気記録は，いくつかの異なる目的で用いられた．長期間のデーター保存には，直径の大きなリールを使った磁気テープ装置が開発された．この装置の情報の出し入れ時間は早くなかったが，乱呼出し記憶装置（ランダムアクセスメモリ：random access memory＝RAM，ラムと読む）および固定記憶装置（リードオンリーメモリ：read only memory＝ROM，ロムと読む）として非常に有用であった．磁気テープ装置は1930年代にドイツで開発されたもので，ヒットラー（Hitler）の演説をラジオ放送するために，彼の専用として使われた．その後，技術が公開され，第二次世界大戦後に急速な進歩を遂げた．特に，ドイツから技術を導入した米国のアンペック社（Ampex Corporation）が先陣をきった．

　当時，高純度シリコンの製造で優れた技術を持っていたデュポン社（DuPont Company）の塗料部門が，記録媒体材料として酸化クロムを用いて特性のよい磁気テープを開発し，磁気テープ装置の発展に寄与した．

　比較的製品寿命は短かったが，磁気記録装置の一つとして磁気ドラムがベル電話研究所（Bell Telephone Laboratories）で開発された．これは筒形の基板（ドラム）の上に磁性体を塗布したもので，ドラムを回転させ，その表面に沿って相対的に誘導コイルを上下に移動させ記録・再生するものである．このため，ドラムのどの位置にでも誘導コイルを簡単に導けるので，記録や再生が高速化された．

　マサチューセッツ工科大学（Massachusetts Institute of Technology）は1960年代に広く利用された新しい磁気記録装置を発明し，実用化した．これ

はドーナツ形の磁気コアと呼ばれる磁性体をメモリにするものである．情報を伝達する電線をマトリックス（格子状）に組み，交点で磁気コアの穴に電線をくぐらせ，ネットワークにする．磁気コアは電流の向きによって磁化が反転するようになっており，磁化させると記録になる．1960年代の後半，アンペック社は百万個の磁気コアを使用した3次元ネットワークの装置を作った．

集積回路チップへの記憶

その後，磁気記録装置ではハードディスクやフロッピーディスクと呼ばれる磁気ディスクが開発され，現在に至るまで，長時間記憶装置として重要な役割を果たしている．一方，集積回路の中の電界効果トランジスターの開発で，読み書きあるいは固定記憶装置として，大容量のデーターを保存する半導体チップが作られるようになった[3]．これらは，普通，ランダムアクセスする構造の計算機に利用されている．ランダムアクセスする記録・再生メモリ（RAM）には二通りある．一つはスタティック型（SRAM：エスラムと読む）で，4から6個のトランジスターからなるフロップ-フロップ回路で情報を記録する．もう一方のダイナミック型（DRAM：ディーラムと読む）はコンデンサーの電荷で記録し，記録セルは1コンデンサー・1トランジスターよりなる．

上述のSRAMに記憶された情報は，消す作業をするか，あるいは装置の電源が切られるまで装置の中に残る．一方のDRAMでは，時間とともに電荷が漏れ出し，やがて記憶が消滅するので，一定時間ごとに書き替える必要がある．いずれにしても，これらのメモリの記憶は電源が切られると"揮発"する．SRAMとDRAMの一つ当たりのセルに含まれる素子の数を比較すると，DRAMは最小限の素子で記憶できるので，集積化を考えると明らかに充填率で勝り，ビット当たりの価格も安い．一方のSRAMは書き替えの必要がないので，速度の点で勝っている．通常，DRAMの容量はSRAMの4倍である．

リードオンリーメモリ（ROM）にも二通りあり，ファクトリー型とフィールド型（PROM）である．ROMはマイクロコントローラー，マイクロプロセッサー，ディジタル信号処理装置などの大型の集積回路に必要なものである．通常，半導体チップの中に作業命令が記憶されている．

現在（1998年），16メガビットのDRAMが市場に出回っており，まもなく

64メガビットが売り出されるであろう．現在出回っているこれらの大規模集積回路は，相補型 MOS（Complementary Metal-Oxide-Semiconductor：CMOS，シーモスと読む）であり，回路の最小加工寸法はサブマイクロメーターである．バイポーラー型 RAM は電力消費量が大きく，容量が小さいので，特殊な用途だけに使われている．

集積回路メモリは始め米国が開発の中心だったが，すぐに国際的な開発になり，技術の発展は非常に速くなった．たとえば，1970年の始めは1チップ当たり1キロビットの容量であったが，1998年では16メガビットになっている．つまり，容量は3年で4倍の率で伸びている．

電荷結合デバイス

集積回路の進展は電荷結合デバイス（Charge-Coupled Device：CCD，シーシーディーと読む）と呼ばれる新しいタイプのメモリを生み出した．今日まで，CCD はその特徴を活かして特殊な用途，すなわち，ビデオ・カメラの撮像板などとして大量に利用されている．

CCD の基本構造は電荷が涸渇したエネルギー・ポテンシャルの井戸の列からなっており，井戸の深さや形は回路的な操作の順で変えてある．少数電荷が井戸の列の一端に導かれ，次の井戸へと移動してゆき，他端で電荷は回収され記録される．直列に一つの井戸から次の井戸へと一歩ずつ移動するが，その移動は同期した道筋の中で，井戸の深さと形によって命令を受ける．そのため，ひと続きの電荷が直ちに移動する．ディジタル・データーを蓄積したとき，次の出発点に導かれた電荷は，ゼロあるいは単位の値になる．このような蓄積レジスタの二次元配列（アレイ）は，数の二次元マトリックスを記録するのに使える．もし，長期間の記憶が必要であれば，電線路の終点に到達した電荷は次の出発点に再び導かれ，電線路はエンドレスな記憶ベルトのように振る舞い，プロセッサーへの呼出しがあるまで結果を保存する．

二次元 CCD アレイは光画像や X 線画像によって基板に生じた光電子を記録・再生するのに使える．その他，天体観測の非常に感度の高い記憶へも利用されている．また，低温研究で長時間電荷を保持するためや，低温にして記憶装置の中の熱によるバックグラウンド・ノイズを除去することもできる．

ノート：12

（1） G. W. A. Dummar of the Royal Radar Establishment, in an address to the Electronics Component Congress in 1952 : quoted in J. S. Kilby, "Invention of the Integrated Circuit," *IEEE Transactions on Electronic Devices* 23 (1976) : 648.

（2） Kilby, "Invention of the Integrated Circuit."

（3） 集積回路チップの記憶容量の現状については Turner Hasty に助言を受けた．

13 / 1960年代の進歩と希望的将来予測

　1960年代はシリコン・エレクトロニクスの古い時代と新しい時代を橋渡しする特別に出来事の多い10年間であった．キルビー（Jack S. Kilby）とノイス（Robert Noyce）によって電子装置（トランジスター）の全く新しい設計（集積回路）と製造方法が提案され，新しい世界の魅力ある展望が開かれた．しかし，この新世界を作る機会に参入するのは大変なことであった．莫大な資本は必須の要素であるが，それ以上にもっと必要なものがある．最先端を進むためには，彼ら自身の夢で奮い立ち，多くの科学者や技術者の弛みない勤勉さと創造的働きによって後押しされながら，将来に対して見通しのきく，有能な指導力が必要である．彼らは多くの困難な技術的問題を解かなければならないだけではなく，その過程で解かなければならない問題を見出し，はっきりと表現しなければならない．幸運にも成功から予測される報酬は十分大きく，最初の頃の政府を始めとする主なスポンサーも含めて，参画した研究者らに必要で十分な報酬を与えることができた．

　フェアチャイルド社とテキサスインストゥルメント両社ともそのときには抜群の指導力を持ち，挑戦に立ち向かえるスタッフがいた．これらの二社は互いに競争相手であったが，競争が発明を促す風土を作った．実際，競争は両社の利益を増す向きに作用した．さらにAT＆T，IBM，RCA，モトローラ社のような他の多くの会社もそれぞれの興味を持って技術の発展に貢献した．

ハガティとムーアの洞察力（1964から1965年）

　1964年12月に出版されたIEEEの会議録にテキサスインストゥルメント社の創造的ではっきりものをいう部長ハガティ（Patrick Haggerty）が1960年代半ばにおける電子工業の展望を非常に雄弁にかつ明快に述べた[1]．フェアチ

図 13.1 ハガティ(Patrick E. Haggerty，中央)．
　左横に現在のテキサスインストゥルメント社の創始者の一人であるジョンソン(J. Erik Jonsson)，右にハガティと親密にトランジスターの開発を推進し，彼の後で 1965 年に専務取締役になったシェファード(Mark Shepherd)がいる(1960 年代初期に撮影，TI 社の好意による)．

ャイルドセミコンダクタ社にいたムーア (Gordon Moore) は，その 1 年後，すなわち 1965 年 10 月のエレクトロニクス (Electronics) 誌に非常に説得力のある将来見通しを披露した．おそらく，彼らが考察したものより良い予測は見当たらないだろう．
　ハガティとムーアによる解説は付録 A と B に載せてある．このように，将来を見通した文献を本書に載せられたのは幸いである．ハガティは電子技術畑生まれの見地から書き，一方，ムーアは化学研究者のセンスで書いており，彼らの議論はすばらしい．

ハガティの見解

　このような初期に彼は夢を探し，信頼性と製造原価の抑制に対する困難な問

題に打ち勝てれば，新しいエレクトロニクスは社会の活動に完全に浸透し，物事を処理する方法に大きな革命が起こるであろうと予想した．さらに，回路設計の複雑さと計算力の増大を含む技術の進歩は，信頼性のさらなる発展とフィードバック機構における複雑さの解決を促進するであろう．また，新しい技術はそれ自体の発展の大きな助けとなる．最終的には，もし，目の前に立ちはだかる製造に関する技術的問題を解決できれば，活発な企業における製造原価がかなり下がり，生産量が増える．ただし，価格と生産量に関してハガティは保守的であった．彼の10年後（1974年）の価格の予想は高すぎ，生産量の予測は低すぎた．1964年に生産に従事した科学者と技術者は装置の商業的稼働率を上げるのに非常な困難に直面していたので，このような予測になったのだろう．しかし，全体としてハガティの予測には非常に先見性があった．

ムーアとムーアの第1法則（1965）

ハガティが遠い将来のエッセイを書いた1年後の1965年，フェアチャイルドセミコンダクタ社の創始者の一人で，研究開発研究所の所長をし，後にインテル社の創始者になったムーアはハガティとは異なる非常に立派な一連の将来

図 13.2
ムーア（Gordon Moore）．
　研究部長としてフェアチャイルドセミコンダクタ社を創設した8名のグループの一人（インテル社の好意による）．

予測をした．ムーアの価格と生産量の予測はハガティより積極的であった．そうこうするうちに進歩した技術により大きな発展があった．全部ではないが，すぐ売れる市場は，主として米国国防総省にあった．ムーアは付録Bにある解説の中で，その当時の挑戦的考察である「ムーアの法則」（後にムーアの第1法則とよばれる）を発表した．

すなわち，最低部品価格での回路数（ビット数）は毎年大体2倍の速度で増す．たとえ，短い期間で増加しなくても，継続的に見れば増加が期待される．一方長い期間で見ると，増加の速度はもう少し定かではないが，少なくとも10年間は一定であろう．これは最低価格の集積回路の数（集積度）が1975年までに65,000ビットになることを意味する．ムーアはこのような大きな回路を1枚のウェハの上に載せることができると信じていた．

ムーアは基本的な技術が確立された1965年を最高の水準と考えていたが，彼の解説の全体の主旨から判断すると，技術がまだ初期の段階であると信じていたことがわかる．たしかに，もう一つの革命的発展であるマイクロプロセッサーの開発はすぐ先にあった．

このような比較に興味を持つ人に向けて，ムーアは1996年Daedelus誌に解説を書いた．その中で，1エーカーのシリコンチップを作るための現在の価格は最初の商業的トランジスタを作ったときの約1兆ドルのままであろうと指摘した[2]．

地震データーのディジタル処理

新しいディジタルベースに半導体技術を応用したよい例は地震データーのディジタル処理による改良である．これはオースチンにあるテキサス大学のクレゴン（Harvey G. Cragon）により計画されたテキサスインストゥルメント社での実験の報告書の中にある[3]．クレゴンにより纏められた仕事は新しい技術の最初の大規模な応用の一つであり，その後，次世代のディジタル計算機を使いさらに改良された．

インテルの創設

1968年，ノイス（Robert Noyce）とムーア（Gordon Moore）は自分たちの会社を創るときがきたと考えた．彼らは集積回路に関して非常に経験豊かで，エレクトロニクスの将来を拓くリーダーとして十分過ぎるほどの能力を備えていた．彼らは製造や販売に多くの経験を有し，もし，会社が育成した研究者らがさらなる発展に向けて働いてくれるなら，収益が出ると考えられる開発計画をたくさん持っていた．フェアチャイルドセミコンダクタ社は親会社のフェアチャイルド社が多少興味を持った分野の中の一会社に過ぎなかった．そこで，彼ら自身で仕事をやったほうが遥かに良いと考えた．さらに，親会社は半導体会社の新しい指導者を選ぶために内部的危機に直面していただけでなく，比較的電力消費の少ない電界効果デバイスの方が非常に大きな記憶チップに対応できると考えられるのに，電力を消費するバイポーラー技術だけに生産を絞っていた．その結果，インテル（Intel）社が創設され，ハガティが率いるテ

図13.3 ノイス（Robert Noyce）とムーア（Gordon Moore）．1960年代後半にインテル社を創設した（SEMATECH社の好意による）．

図13.4 インテル社発展に尽くした三人組．左から右へ，グローブ（Andrew Grove），ノイスとムーア．グローブは先進化学の知識を持っていた．現在筆頭重役．彼は1987年ムーアの後を継いで専務となった後，重役会座長を努めた．現在ムーアは会長（インテル社の好意による）．

キサスインストゥルメント社のように素速くこの分野の指導的企業の一つとなった．

　ノイスとムーアが去ると，フェアチャイルドセミコンダクタ社の他の多くの人々は他の働き口を探すか，彼ら自身の会社を始めた．フェアチャイルド社はアリゾナ州フェニックスの半導体村を作ったモトローラ（Motrola）社から多くの人材を得ることによって去った技術者の穴を埋めた．モトローラ社からのグループにはフェニックスオペレーション（Phoenix operation）社の部長であるホーガン（C. Lester Hogan）もいた．彼は以前ベル電話研究所にいた．フェアチャイルド社は引き続きうまくやっていたが，やがて，シュランバーガー（Schlumberger）社に売られ，次に1988年当時，スポーク（Charles Sporck）により指導されていたナショナルセミコンダクタ（National semiconductor）社に売られた．

　インテル社は大容量半導体記憶チップの開発を急速に立ち上げた．このメモ

リに以前は磁気コアが使われていたが，記憶分野の主な技術的空白を埋めることに成功した．この会社はバイポーラー・デバイスで始まり，金属-酸化物-半導体を使うことを基本にいくつかの新しいデバイスに移行した．1980年代に新たな戦略を受け入れる必要がくるまで競争の先頭に立っていた．新しいインテル社の開発は間もなく利益を上げ，会社は急速に発展した．

ノイスは1975年までインテル社の社長として勤めたが，その後会長となった．ムーアは彼の後を継いで代表取締役になった．

増　　殖

この章では，指導者の役目を述べるため，フェアチャイルド社とテキサスインストゥルメント社について詳しく書いた．そして，大きくても小さくても多くの会社の技術者はトランジスターに関する研究開発とその応用に従事することが必要になった．このようにして，この分野への興味は国際的に広がっていった．古い考えを打ち破る関係者が集まった軍隊のような印象であり，新しい発明と洞察力を持って，技術を高めるために全力を尽くした．

さらに，半導体分野の多くの会社とその他の分野の会社，熟練あるいは未経験労働者を問わず低賃金で，また，よく教育された専門家の幹部がいる会社などがその長所を利用した．そして，成長する市場を確立し販売網を作るため，組立工場や製造工場を作り始めた．これは世界市場展開とよばれる現象の最初の段階であった．第二次世界大戦前の何10年もの間，真空管工業の発展に大きな役割を演じた大会社のほとんどはトランジスター技術の発展に評価できるような役割を演じることができなかった．これに関連した話だが，無機化学と物理化学のしっかりした背景を持っていたゼネラルエレクトリック研究所の固体物理学者アプカー（Le Roy Apker）は1950年代，製造プロセスの標準化をするために初期のトランジスターの開発をしていた社内のグループを支援するよう命じられた．これに携わっていた研究者の多くは以前に真空管の研究と製造をしていた．その他の技術者は白熱電球または蛍光灯の製造部で働いていた．この部はそのまま駄目になるか，あるいは衰えるか，少なくとも，将来展望を見出せない状態にあった．アプカーの最も困難な仕事は，前の仕事に比較して非常に高い標準を達成する必要がある，と技術者に納得させることであっ

た．このような高い標準を打ち立てるには，新鮮で選りすぐりの生産スタッフがいる熱狂的な会社のほうが遥かに容易であった．

電界効果トランジスター

前述したように，この10年間，電界効果トランジスターを改良するのにかなりの努力が費やされた．この努力の結果，電界効果トランジスターはトランジスター技術の牽引力となって進んだ．1970年までに，いわゆる金属-酸化物-半導体電界効果トランジスター（MOSFET's）は半導体の黎明期に大きな希望を託した接合トランジスターと同様，多くの製品向けに十分な役割を果たした．

ノート:13

(1) *Daedelus* 125, no. 2 (1996): 55. Phillip E. Ross, "Moore's Second Law," *Forbes,* Mar. 1995, p. 116.

(2) Moore's article in *Daedelus*.

(3) H. G. Cragon, "The Early Days of the TMS 320 Family," *Texas Instruments Technical Journal* 13, no. 2 (1996).

14 // 1970年代と マイクロコントローラー

　1970年代はハガティとムーアの予測が物の見事に当たり，シリコン技術はさらに大きな進歩を遂げた．この10年間で，エレクトロニクスの改革を加速した大量の考案が次々に出され，エレクトロニクスは日常生活，仕事，その他の多くの側面に沁み込むように普及した．その主な発明はマイクロコントローラーすなわちマイクロプロセッサーである．ある程度は予測されてはいたが，その出現は全くの驚きであったといえよう．インテル社とテキサスインストゥルメント社が発明の権利を主張したが，その開発が「必然的」と主張できなかった．

　マイクロコントローラーは，最も活動的で創造的な会社の，非常に独創性に富んだ研究者たちによって拓かれた道の先に，はっきり置かれていた．したがって，1970年代には遅かれ早かれ研究者たちの手から抜け出てくるものであった．

テキサスインストゥルメント社

　集積回路を導入するに従い，テキサスインストゥルメント社はこの分野で第一線に躍り出た．この会社は新しい，しかも興味のある主な分野で活動的な会社になりつつあり，新しい市場に向けて米国の政府機関を飛び越えて先を見通していた．事実，多くの取引会社に対して，IBMとともに集積回路の主な供給源となった．1964年にハガティが予測した目の前に横たわる技術的障害はほとんど解決されていた．もちろん障害には遭遇したが，この会社の研究者達が解決できないものはなかった．テキサスインストゥルメント社の歩んだところには大きな成功があった．そして，将来にも大きな望みを持ち，この会社の若い指導者は「我々は何でもできるぞ！」というスローガンを展開した．この

スローガンの精神で，二つの積極的開発が行われた．これらはこの活動の指導者であるブーン（Gary Boone）によって回想されている．

図14.1
ブーン(Gary Boone)．
　テキサスインストゥルメント社にいる間，シリコンの1枚のチップの上に今日マイクロプロセッサーとして知られる最初のマイクロコントローラーを開発した，約6人の技術者のチームを指導した．1971年7月4日，このデバイスは成功裡に動作した．目的別の設計変更で広く使われ，ディジタルコンピューター発展の土台となった(ブーンの好意による)．

その一つは1970-71年に行われた1チップの中央処理装置（Central Processing Unit, CPU），すなわち，マイクロプロセッサー（商品名：TMX 1795）である．これは陰極線管の顧客が示した1チップの設計仕様要求を満足させるものであった．開発した技術者は違ったが，インテル社の8008とテキサスインストゥルメント社のTMX 1795は両方とも同じ顧客の仕様に合うように同一に設計された．この会社では当時CTCと呼ばれたが，現在はデーター・ポイントといわれている．このようにして，これらのワンチップの計算機用設計は実質的に同じ取り扱い説明書を使った．TMX 1795のプロトタイプはインテル8008の約1年前に動いた．インテルは8008に続き，8080，8088，8086等のプロセッサーの生産に入った．TMX 1795は後継デバイスを生産しなかった．

　テキサスインストゥルメント社における第2のプロジェクトはオリジナルな構造とオリジナルな設計で，1970-71年に作られたワンチップ計算機あるいはマイクロコントローラー・チップである．これは初めにTMS 1802とよばれ，

後に TMS 01 XX とよばれた．ここで，XX は回路を作るマスク設計の変更を示している．TMS 01 XX プロジェクトは多くの計算に適合するようにした装置を設計するために融通のきく構造を開発するためのものであった．これによって，多くの顧客の要求をマスクの変更だけで満足させ，マスクの変更で安価に製造した．いくつかの TMS 01 XX の発明は特許化され，回転計，タクシー料金メーター，ディジタル電圧計，カウンターなどを含め広い応用に使われた．この TMS 01 XX の発明は CPU の計算機能に加え，プログラム，データー処理，入力，出力のすべてをワンチップに搭載しており，文字通り 10 兆もの製品を埋め込んだに等しいマイクロコントローラーへの道を開いた．今は，20 億個以上のマイクロコントローラーが 1 年間に消費されている．

その後，テキサスインストゥルメント社は普及型の TMS 0102 を使って電池で動く，手のひらサイズの計算機 Datamath© を開発した[2]．これに続いて時計，2ヵ国語辞典，電子ゲーム，さらにデスクトップ・コンピューター，自然科学や営業に使われる強力な携帯計算機などの開発が始まった．1970 年代終わりまでに，マイクロコンピューター技術を用いた最も進歩した計算機は以前には参入を許されなかった IBM のような大型計算機やディジタルエクウィップメント社（Digital Equipment Corporation, DEC）により作られたマイクロコンピューターの分野にも入り始めた．

1996 年 6 月，米国特許局はマイクロコントローラーに関するブーンの発明の先行権を認め特許になった．これによって，異議申し立てによる長い訴訟に終止符が打たれた．この訴訟の中で，計算機内でデーターを処理する「マイクロプロセッサー」と，この機能を実行するだけではなく，入力から出力までを広く実行する「マイクロコントローラー」と呼ぶものとをブーンは区別した．米国特許局ではこの定義を使っているがごく最近ではその境界があいまいになりつつある．

インテル社での出来事

インテル社には偶然ともいえる幸運な機会があった[3]．日本人技術者であるシマ・マサトシ（Masatoshi Shima）は小さな日本のデスクトップ計算機会社ビジコン社で研究に携わっていたが，1969 年，2, 3 個のチップを使っただけ

で，比較的簡単な算術計算機のトランジスター版を設計し，その生産が可能であることに気付いた．彼の会社は彼が開発した設計に基づいた入札をインテル社に提案した．インテル社の新社員ホッフ（Ted Hoff）は前にフェアチャイルド社で回路設計を経験していたので，シマの特許を見て，もう少し簡単な設計を逆提案した．当初，シマは彼自身の設計で仕事を継続することを望んだ．しかし，ホッフは会社の発展のために先々の需要で技術的に進歩し装置の大量生産と販売を考え，彼自身の設計を発展させるという了解を経営者側から得た．

図 14.2
ホッフ(Ted Hoff)．
　1970 年にフェアチャイルドセミコンダクタ社からインテル社に移った．トランジスター化した計算機の半導体回路の設計と製造を助けるため，日本の電子機械計算機会社ビジコンのコンサルタントをした．この間，ホッフはこのデバイスを汎用のマイクロプロセッサーとして再設計するとき，非常に大きな応用価値があることを知った(インテル社の好意による)．

　ホッフがもっと簡単で進歩した計算機の構想をシマへ示したとき，この二人はその構想を一緒に開発することに同意し，実際に四チップからなる設計をした．ただし，協力関係をどのようにすればよいのか全くはっきりしなかったので，この計画は立ち往生した．幸いにもこの重要な時期にフェアチャイルド社から新しく入社したファジン（Federico Faggin）に仕事が引き継がれた．彼はこのような設計論理の専門家で，実験をした後，1971 年 3 月ビジコン社に技術移転され，生産可能な案を出した．日本の会社はこの新しいシステムを計算機として使用することだけに興味を示した．そして，交渉の結果，他の権利はインテル社に喜んで譲渡することになった．これはインテル社にとって非常

14　1970年代とマイクロコントローラー　*235*

図 14.3
ファジン(Fdevio Faggin).
　ホッフと一緒にインテル社の最初のマイクロプロセッサーを設計した，当時のインテル社の新入社員．シリコンバレーにあるシナプティックス社の創立者の一人であり，現在社長である(シナプティックス社の好意による).

な幸運であった．この設計変更ができる新しいシステムは，非常に多くの応用可能性があり，社員にとって将に夜明けであった．入力と出力を含め，算術用論理ユニット，随時読み出し，タイマーの基本的要素を全て含んでいた．必要なのは応用への挑戦と同様，さらなる開発であり，新しいシステムの柔軟性とその力は会社外にも広く認められるようになった．集積回路技術の進歩はいつまでも続く将来性と便利さの増大を約束した．

使用範囲の拡大

　移動通信を含む伝統的性格の強い特化された興味を持つモトローラ(Motorola)社のような会社は，間もなく古い分野の中にマイクロプロセッサーの新しい使い方を見つけた．この場合，自動車を運転するための益々複雑化する電子制御分野であった．このような応用は特に運転の経済性を推し進め，放出される公害を最小限にするようなコントローラー（制御器）に対する世界的市場を開拓した．

　たぶん，他のどんなものよりも重要な開発はマイクロコントローラーの容量

増大であり，単位となる回路要素当たりの価格を減少させることは，国内はもちろん，国際貿易を盛んにした．大戦の勃発や世界的不況を除いて商業的興味だけで考えるならば，その技術を継続的に成長するよう後押しすることが重要である．

図書館の蔵書目録

1960年代の夢の一つは，地味でよいから有用な蔵書カタログを作ることだった．図書館にある蔵書カタログの探索速度を増し，調べる地理的範囲を広げるため，計算機に蔵書情報を入れることである．これが1970年代には可能になり始めた．上述のように，マイクロコントローラーが開発され，さらに，半導体メモリの価格が集積回路チップの要素数増大とともにドラマチックに下がったためである．

これを書いた1990年代には1968年以降（ある場合にはそれ以前）に受け入れた国会図書館の英語蔵書に関する標準カタログ情報がパソコンで使えるようになった．

デバイス製造設備

益々複雑な回路の要求が増すにつれ，製造技術はさらに高度に機械化され，自動化され始めた．進歩した大製造工場では1960年代後半にバッチを含むマニュアル（手作業）操業をしていたが，1964年にハガティが彼の解説（付録A）で予測したように，1980年までにほとんどの先進製造機械は科学工業の高度な形態を示す自動化に移行した．また，それだけではなく，集積回路が製造されている工場面積に対して最小限の人数で操業できるようになった．

加工寸法が小さくなるにつれ，薬品や医療デバイス工業の特別分野を除けば，極めて高い基準の清浄さが必要であった．小型化が急速に進み，一つのチップ上に作られた素子構造の最小加工寸法は1マイクロメーターの壁に近づき，さらにこれを越えてチップ当たりの素子数が増し，ムーアの法則が常に成り立った．

1964年にハガティは先進製造設備の価格が数百万ドルのレベルに達し，市

場が十分に成長しないと，二，三の会社だけしかこの投資に耐えられないと考えた．そのような設備のコストは実際1970年代には3000万ドル程度に上昇したが，マイクロコントローラーとメモリの需要が急激に増え，生産効率が高くなるとともに製造設備の継続的増産をうながした．このため，1990年代まで生産が二，三の会社に集中することはなかった．

日本の競合会社

1970年代中期まで日本の製品はテキサスインストゥルメント社との取り引きで得た集積回路の特許権を十分利用し，日本の企業は多くの重要な市場で無視できない競走相手となった．さらに，日本の研究者らは「最初に正しくやれ！」のモットーで働いた．その結果，彼等は極めて高い品位で信頼性の高い製品の製造方法を確立することに成功した．彼等にはもう一つの長所があった．生産と販売のビジネスは生産量が増えるにつれ反復的になった．販売量が多い時期を過ぎると市場は飽和に達し，さらに過剰になる．米国の会社の習慣は市場価格に影響されて利益を薄めることを避け，資金の流れをできるだけ制御するため，新しく，より進歩した製造装置の建設を遅らせた．しかし，日本の場合，販売量の減衰期に新たな設備投資ができるような銀行システムを通しての政府の支援があった．このため，次の先進デバイスに対する高い需要が出たとき，設備的対応が利用できた．この方式を積み重ねることによって，多くの製品で市場占有率を増大し，利益を上げた．

日本の予測力と腕の良さのよい例は液晶ディスプレイの問題に対する取り組み方である．このデバイスは電場によって配列させることができる近似的に配向した長い鎖の分子によって偏光されない光の成分を選択的に吸収する機能で画像を表示する．ニュージャージー州のプリンストンにあるRCA研究所では，このような材料から実際に読めるディスプレイを作る基本的実験をしたが，実際に実用可能な製品を作るところまで開発できなかった．米国のほとんどの電子会社はRCAの初期の結果を参考にしてデバイスを開発しようとしたが，表面的に検討しただけで，実用に漕ぎ着けるまでこの問題を追求しなかった．日本人はこの非常に有用なディスプレイを開発するために時間をかけ，また，努力をして非常に高い市場占有率を得た．

半導体工業組合

　10年の日が経ち，ノイス（Robert Noyce）は標準化と企業間の協力を奨励する希望を持って，米国の半導体工業にある程度の秩序をもたらす大きなステップを踏み出した．1977年，彼はいくつかの小さな会社から半導体工業組合を作る同意を得た．インテル社もその一つであった．疑いもなく，彼はこの組合がお互いの問題を企業間で議論することを望んでいた．つまり，彼はいわば工業分野の指導的政治家となった．

　数社の半導体製造会社の共同活動により作られたもう一つの組織はノースカロライナの研究三角公園を根拠地にしたSRCである．これは半導体工業の分野における学生の教育とともに，大学の研究所に研究開発を促す工業基金の仲介役として非常に有効な機関となった．この活動の結果は広く役に立った．

ノート：14

（1） テキサスインストゥルメント社の詳細についてはマッグローヒル社から出版された同社の本に書かれている．

（2） Letter, Gary Boone to Norman G. Einspruch, July 22, 1996.

（3） Michael S. Malone, *The Microprocessor* (Santa Clara, Calif.: Telos, Springer, 1995); see also G. E. Moore, "Cramming More Components onto Integrated Circuits," *Electronics,* Apr. 19, 1965, p. 114, および "Intel—Memories and the Microprocessor," *Daedelus* 125, no. 2 (1996): 55. Phillip E. Ross, "Moore's Second Law," *Forbes,* Mar. 1995, p. 116.

15 // 1980-2000年と将来

　期待したように，1980年からここまでの期間はハガティとムーアの予測通りになっている．エレクトロニクスの普及が進み，生産される半導体デバイスの数は引き続き指数関数的に増えている．ただし，製造設備のコスト上昇の結果として，生産の再調整と産業の再編成の時機がきている．しかし，技術的な理由によって生ずる大きな問題はないようである．

　この期間において，将来を見通すことのできる産業の指導者であったハガテ

図15.1
ハガティ（Patrick E. Haggerty，左）．
　1970年代中頃の写真．ロックフェラー（David Rockefeller）と共に，ニューヨーク市にあるロックフェラー大学の構内で撮影された．このときのハガティはテキサスインストゥルメント社の会長であり，ロックフェラー大学の理事長であった（ロックフェラー大学の好意による）．

ィとノイスの死は大きな損失だった．ハガティは膵臓癌で 1980 年に世を去り，ノイスは心臓病で 1990 年に後を追った．両人ともまだ六十代半ばであった．

図 15.2
ノイス (Robert N. Noyce).
テキサス州オースチンに建てられた米国半導体会社の共同体である SEMA-TECH の主任行政職であった．ノイスはこのときまで半導体工業界の中心的指導者であった（インテル社の好意による）．

　ハガティが世を去ったとき，テキサスインストゥルメント社の非常に経験豊かなシェファード (Mark Shepherd) とビュシー (J. Fred Bucy) が社長などの地位についていたので，引き継ぎは比較的順調に進んだ．しかし，精神的な雰囲気には避けられない変化があった．この会社も半導体産業の例外ではなく，主な製品の市場占有率減少により会社は中期的な危機に陥った．また，電界効果技術を多くのデバイスに採用するのが遅かったり，技術の変わり目における研究指導者への評価が遅かった．しかし，政府関係のエレクトロニクス・ビジネスで成功を収めていたジャンキンス (Jerry R. Junkins) の指導の下に，会社はこの遅れを取り戻した．1985 年にジャンキンスは専務となり，そのときビュシーは不景気の中で退職した．ジャンキンスはこの時期に適した新しい経営方針を導入した．ジャンキンスは結局 1996 年に命がつきるまでの 11 年間この職にあり，その後は半導体ビジネスの責任者で電子工学者のエンジボウス (Thomas Engibous) が彼の後を継いだ．

　一方，ノイスやムーアとフェアチャイルド社で働いていたグローブ (An-

図 15.3
シェファード(Mark Shepherd).
　ハガティが1969年にテキサスインストゥルメント社の社長の地位を降りたとき，その地位を引き継いだ．シェファードは1976年に会長になり，1988年に退職した(テキサスインストゥルメント社の好意による)．

図 15.4
ジャンキンス（Jerry R. Junkins）.
　1985年にテキサスインストゥルメント社の社長としてビュシー（J. Fred Bucy）の後を継いだ．会社は1980年代に競争に敗れて困難な状態に直面していたが，ジャンキンスは会社とともに長い年月を過ごし，優れた指導者の後をうまく継いで再建した．彼は1996年にこの世を去るまで11年間精勤した（テキサスインストゥルメント社の好意による）．

drew Grove）がインテル社の指導者を引き受け，ダイナミックで展望のある指導をした[1]．1997年に会長になったが，指導を続けている．ムーアは現在インテル社の名誉会長である．

図 15.5
グローブ(Andrew S. Grove).
彼は 1987 年にインテル社の社長となり，この会社の発展を助けた(インテル社の好意による)．

図 15.6
ヘイスティ(Turner Hasty).
SEMATECH でテキサスインストゥルメント社の代表となった．ここにいる間，ノイスの補佐をしていた．彼は半導体工業の有能なベテランで，半導体の歴史の目撃者であり，その様子を最も知っている人でもある(ターナ・ヘイスティの好意による)．

セマテック

政治家としての側面からのノイス最後の貢献はセマテックの主任行政職を受け入れたことである．製造設備の仕様や評価に対する共通の政策を発展させるために，国防総省の防衛先端研究機関（Defence Advanced Research Project Agency）の指導の下に，1988年，14の会社が結成した企業連合体である．この機関の名前は半導体製造工業（Semiconductor Manufacturing Technology）の頭字語からとったものである．テキサスインストゥルメント社のヘイスティ（Turner Hasty）はノイスの代理副官となった．この機関が作られた一因は日本との競争から最も重要な国内製造業を守るためである．米国内の各会社は製品の質より価格を重視して製造設備の供給を選択してきた．新しい機関の誰かが「半導体についての大きな秘密は何もない」というスローガンを作った．半導体設備を評価し，また，改良して共通のメートル法で標準化し，さらに製品の質が第一であることを重視した．各社は間もなく，外国とのハンディキャップを克服し，世界的にも競争し得るレベルになった．

ムーアの第2法則（1996年）

70年代以降の二十数年は厳しい会社間の競争により，どのお客の先導的製品を作るかで，時々刻々の大きな変動があった．運不運もあって，先進技術は機械仕掛けのうさぎの獲物のようになり，これを追い掛けるドッグレースの様相を呈するようになった．これに沿って，先進的製造設備の価格は10億ドルからそれ以上に達し，いわゆるムーアの第2法則とよばれるように上昇を続けた（付録B参照）．これは大きな経済危機が全ての工業に付きものであることを示している．実際，この状況は1930年以前の自動車製造の初期を思い出させる．そのときは20以上の自動車メーカーが米国の市場を相手にしのぎを削っていた．

大きな動揺とある程度の怪我を経験すると，強化のための企業の整理や統合を望むようになる．事実，テキサスインストゥルメント社はジャンキンスの指導の下に，汎用デバイスの製造設備建設でいくつかのアジアの会社と資本提携

した．これらの製品の出荷先には割り当て制限をつけ，テキサスインストゥルメント社により経営されていた．しかし，インテル社は自己資金で何10億ドルもの製造設備を建設することができる十分強い経営体質を保っていた．他方，大手の注文生産会社の一つである台湾半導体製造会社（Taiwan Semiconductor Manufacturing Company）はシリコン・ウェハの製造も含め，成長市場が投資に価するなら，自己資本を用い段階的に何倍にもその生産を拡大する計画を進めている[2]．

ソフトウェア

1970年代になると集積回路は以前よりさらに複雑になり，回路設計，すなわち，複雑なソフトウェアの生産の方法を長期的に管理しながら真剣に取り組むのがありふれたことになった．実際，これらの問題は驚くほどうまく進んだ．1964年にハガティが予言したように，発展したマイクロプロセッサーが計算機に支援された設計（Computer-Aided-Design, CAD として知られる方法）によって，ソフトウェアの開発で中心的役割を演ずるようになり，結局自己救済となった．プロセッサーの複雑さの増大は良く公式化された小プログラムの中のソフトウェア中で過去に得たものを強化することを可能にした．そのため，いつでも論理設計者の挑戦は次の増加分を作ることになった．ここで，設計者は複雑な回路をほとんど完全にテストすることができる強力なシミュレーションと解析装置を使うことができた．このような計算機に基づく設計はフォトマスクの作製はもちろん，製造工程を管理・指導することもできる．

歩留まり

計算機支援の設計を使った大きな成果は受注した製品の初期歩留まりが以前よりずっと高くなったことである．1970年代は最初に5〜10％の歩留まりであれば喜んだが，多くの試行錯誤を経て最終歩留まりは30％近くに上昇した．普通，歩留まりの水準が目標に達すると，さらに小さい寸法の効率がよい回路の設計と製造工程に移行する．現在の初期歩留まりは高い場合80％に達している（図15.7参照）．全体の生産歩留まりは集積回路の製造に関するシリコ

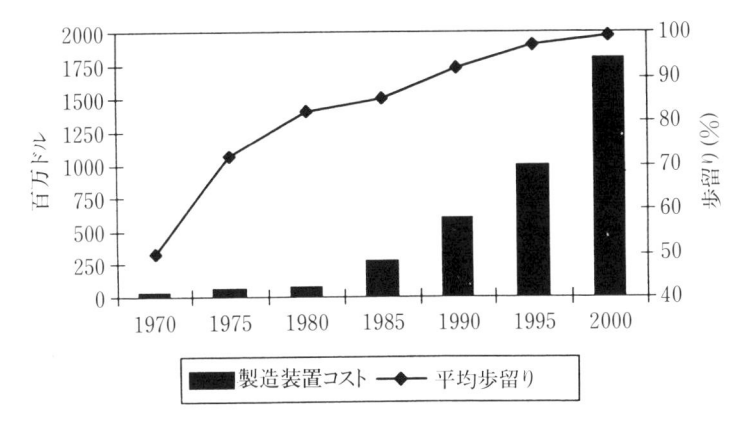

図 15.7 シリコン・ウェハ1枚当たりに作られるデバイスの歩留まりの変化．製造装置のコスト上昇も示す．現在(1998年)は20億ドルの水準である．

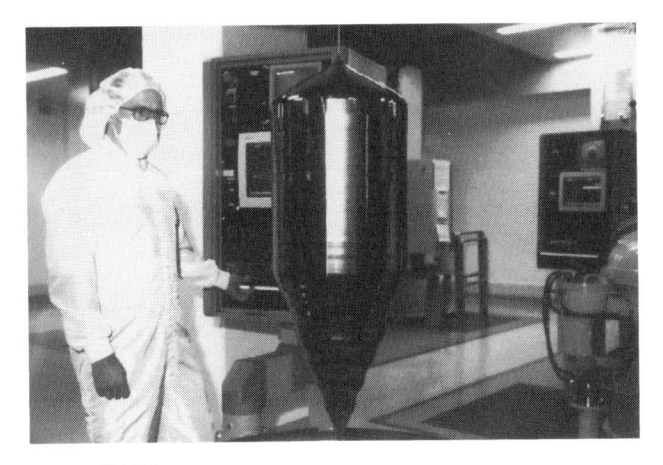

図 15.8 シリコン単結晶．
中央に示すのが直径 30 センチメーター(12 インチ)のシリコン結晶である．効率的に集積回路を製造するため大型化するようになった．ここに示す単結晶の全重量は 120 キログラムである(H. Fusstetter と Wacker Siltronic A. E.の好意による)．

ン・ウェハの直径が増すにつれ上昇する．直径 12 インチのウェハが開発されているが，間もなくこれも使われるはずである（図 15.8 参照）．
近いうちにチップ上に作られる回路構造の最小加工寸法は 1/4 マイクロメー

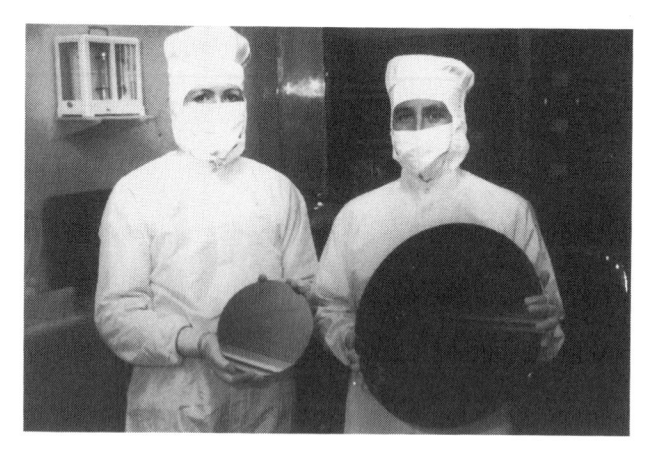

図 15.9 シリコン・ウェハ.

二人の技術者がシリコン・ウェハを持っているが，左側は1990年の標準品で，直径が20センチメーター(8インチ)，厚さが725マイクロメーターである．右側は直径40センチメーター(16インチ)で厚さが950マイクロメーターの試作品である（H. Fusstetter と Wacker Siltronic A. E.の好意による）.

ターの域になる．現在の光学的な微細加工を極限まで押し進めれば，さらに2分の1程度まで減少させられる．微細化はさらに進むものと見られ，X線や電子線を使う新しい技術が可能になるだろう．純粋に理論的な推測だが，最小寸法は10分の1程度まで減少し，そこで量子効果の壁に突き当たるであろう[3]．複雑な化学，物理，工学を駆使した新しい挑戦となるが，否応無しに新しい開発に結び付くと思われる．

シリコンの特別の役割

シリコンの物理・化学的性質から見て，シリコンは将来の集積回路発展の中心になり続けると信じられる[4]．さらに，シリコンを扱う技術研究と装置への蓄積された投資は非常に大きく，予期しない障害が現れないかぎり，他の材料に置き換えるのは非常にコスト高となる．これはガリウム砒素（GaAs）のようなシリコン以外の材料を使わないという意味ではない．これらは通常発光ダイオードやレーザーダイオードとして電子光学の特別な応用に使われている．

光ダイオードで使われる材料の発達，光トランジスター等の開発はシリコンと並んで魅力ある分野である．

シリコンの物理的限界の一つは，シリコンのマイクロ波レベルの振動数における真性電気伝導度が通常の使用温度で非常に高く，このため有効な増幅器が8〜10 GHz（波長が3〜4 cm）以下に制限されることである．電気抵抗率はシリコンにゲルマニウムを合金化すれば高くすることができ，これで作ったデバイスは1 cm以下の波長領域で動作する．

マイクロプロセッサー

1971年にマイクロプロセッサーが考えられ，その後の絶え間ない成長はメインフレームの役割を変えながら続いてきた．メインフレームは経営，加工，大量のデーターの配給等の広い分野で重要な役割を演じているが，特殊な目的のための情報を引き出す小さなプロセッサー・ネットワークにも繋がれている．一つのチップ上の能動素子の密度が現在の50倍以上に増えることは間違いないが，メインフレームとディスクトップ・プロセッサーのラインの分離はもっと明確になるだろう．

言 語 処 理

メモリ容量の増大と計算スピードの増大によって大きな利益を受けている基礎科学と応用科学分野の一つは言語処理である[5]．著しく進歩したのは言語の基本的理解が進んだことである．すなわち，通信の圧縮で，アナログ表現からディジタル表現への変換によって言語の科学が可能になった．1960年代には実現できないと思っていたものがほとんどが成し遂げられた．会話を少しの誤りで翻訳することは口述によっても，印刷した形式でもまだ未完成だが，研究室レベルではある程度の成果を収めている．もし，この進歩が続けば，これから開発されるものとして音声制御されたワープロとその逆の機器があるだろう．初期段階では文の構成，用語と有節発音の制限が必要であるかもしれない．この制限は比較的複雑な口述の順序をマイクロプロセッサーを含む複雑なデバイスで制御するためと，用語上の要求に従って貯蔵されたネットワークを

通して有用な情報を得るためである．

　NTT のフルミ・サダトシは彼の将来を見通した論文の中で，先端的かつ高水準のこの分野の多くのブレイクスルーによって，今世紀中には到達できるであろうと予測している[5]．他方，レベンソン（Stephen Levenson）のようにかなり慎重な人もいる[5]．

細胞と分子生物学

　最近の何 10 年かの注目すべき発展の一つは，生物学の分野で一般的な道具として電子計算機を導入したことである．偶然にも，過去 40 年にわたる電子計算機の発展と分子生物学の発展は平行して進んでいる．さらに，この発展の最先端にいる分子生物学者は三次元の複雑な分子をモデル化するとき，電子計算機の技術が非常に有効であることを学んだ．タンパク質分子の長さ方向の順序のような複雑なデーターを記録するためにも有効であることを知った．今の生物学者が基礎研究室で必要としていることは実験物理学者より複雑である．このように，計算機との密接な関係は永遠に続くであろう．

使用者に優しいシステム

　プロセッサーの発展によってユーザーが得た大きなものは，入門し使用するときの道具に対して，優しいシステムが作られたことであった．この分野は 1984 年にアップルコンピューター社のマッキントッシュ・システムの導入で始まった．以前，入力言語は記憶しなければならない精密で繊細な規則を持つキーボード上での操作と直接的に結びついていたが，新しいシステムは解説書とともに挿し絵や他の図形などのビデオモニターをたくさん使うようにした．このシステムは可動の「マウス」と繋がった電子ポインター（カーソル）により使うことができる．

　商業的冒険に運命を賭けたアップル社の研究者は未来を見通したジョブズ（Steven P. Jobs）で，彼の名前はその日常語となった．彼はパロアルトのゼロックス研究所で初歩的ではあるが基本的な機能を持つ実験モデルを見て，新たな開発を押し進めた．新しい装置の導入はマイクロプロセッサーの容量拡大

図 15.10
ジョブズ(Steven P. Jobs)．
　アップルコンピューター社の指導者で，ユーザーに優しい計算機システム，マッキントッシュを思いつき，事業に成功した(アップルコンピューター社の好意による)．

によって大いに助けられた．すなわち，マイクロプロセッサーで誤りが起こったとき，誤りを避けることと，それらを正すことを使用者に明確に伝えることが可能となった．
　ゲイツ（William Gates）が創立したマイクロソフト社では，ほとんどのハードウェア供給者の製品に互喚性がある融通のきくソフトウェアを導入している．このように，使用者にやさしい装置が開発された結果，小学生からビジネスマンに至る広い範囲にマイクロプロセッサーが普及した．

インターネット

　過去20年のパーソナル・コンピューターの急速な増加と普及はインターネット・システムの発達を可能にした．これは使用者間と多くの情報センターの間を繋いでいる．ネットワークの一般のユーザーには，通常の電話回線で十分であり，現在のところ問題はない．ただし，電話回路の混雑や特別プログラムの一般使用などのため，遅延は頻繁になりつつある．しかし，このシステムはまだ幼稚な段階であり，かってのラジオやテレビジョンの初期に起こった発展

図 15.11 マイクロソフトチーム．

1978年に作られたマイクロソフト社の指導者ゲイツ(William Gates)と一緒にアルバカーキーで働いていた人達．ゲイツは写真の左下にいる．他は（上段）ウッド(Steve Wood)，ウォーレス(Bob Wallace)，レーン(Jim Lane)，（二列目）オリア(Bob O'Rear)，グリーンバーグ(Bob Greenberg)，マクドナルド(Marc McDonald)，レトウィン(Gordon Letwin)，（前列）ルイス(Andrea Lewis)，ウッド(Marla Wood)，アレン(Paul Allen)（マイクロソフト社の好意による）．

の経過と似ている．

　光ファイバー・ネットワークの広範な導入はチャンネル数が何倍にも増えて通信容量に限界が来るという問題を解決した．多様化に対する機会はほとんど無制限である．商業化と結びついた高い水準での利用が残されており，これを育成し開放しないとシステムの公共チャンネルが混乱し，些細なことで潰れるようになるであろう．

ノート:15

(1) *Only the Paranoid Survive* (New York: Currency-Doubleday, 1996).

(2) *Journal of Industry Studies* 3, no. 2 (1996) (a publication from the University of New South Wales Press, Sydney).

(3) H. van Houton and C. Beenakker, "Quantum Point Contacts," *Physics Today* 49, no. 7 (1996): 22.

(4) H. R. Huff, "Semiconductors, Elemental—Material Properties," the *Encyclopedia of Applied Physics,* vol. 17 (New York: VCH Publishers). "Silicon Materials Science and Technology: A Personal Perspective," *Proceedings of the 189th meeting of the Electrochemical Society, Incorporated* (the meeting was held in May 1996). W. R. Runyan and K. E. Bean, *Semiconductor Integrated Circuit Processing Technology* (Reading, Mass.: Addison-Wesley, 1990).

(5) *Proceedings of the National Academy of Sciences,* vol. 92 (1995), pp. 9911ff, p. 9953.

付録A ハガティの予測（1964年）

　この付録はハガティ（Patrick E. Haggerty）の著書「テキサスインストゥルメント社の実践」（ダラス，テキサスインストゥルメント社，1965年）から転載したものである．ただし，「集積化エレクトロニクス－予測」（pp. 123-35）と題した箇所だけである．この部分が最初にIEEEの会議録に発表された（1964年12月）．ここでは副題を付け，重要でない部分は削除した．

集積の重要性

　今日のエレクトロニクスの集積化に大きな貢献をし，将来の大きな可能性が考えられる技術は回路要素の大部分を作る連続的工程と共通のシリコン基盤を用いることである．これらの技術は厚膜（シルクスクリーン）と薄膜半導体技術の利用に依存している．過去5年間における集積回路の成長を見ると，次の10年間も半導体技術がエレクトロニクスの主役である．

　よく知られているように，集積化エレクトロニクスの始まりは第二次世界大戦にさかのぼり，1945年にNBSが近接信管開発計画で伝導性インクを用いたシルクスクリーン法によりセラミックス基盤上に抵抗やコンデンサーを作ったことである．ただし，エレクトロニクスでの真の集積化時代の到来となる重要な出来事は板状の純シリコン上に抵抗，コンデンサー，トランジスター，ダイオードのような構成要素を作って完全な回路にすることを考えたテキサスインストゥルメント社のキルビー（Jack S. Kilby）の仕事からである．キルビーは1958年の夏までに発信器用半導体回路を作った．

　米国空軍とウェスティングハウス社により1958年後半に始まった「分子エレクトロニクス」という名の大胆なアプローチは集積回路開発の鍵を握る出来事の一つである．この計画による開発の努力は1959年初めに始まった．

エレクトロニクスの本質的な波及性

　エレクトロニクスにおける集積化技術のように，歴史を刻む技術の衝撃度を評価するには，その長期展望をすることが重要である．この点に関して，ノーブル（Daniel E. Noble）博士による注目すべき記事が 1944 年 6 月 1 日のエレクトロニクス・ニュースのクック（Alfred Cook）の編集欄に掲載された．ノーブル博士は「多年にわたり，全てのエレクトロニクスを一般技術と比較してみた．エレクトロニクス技術の一般的属性はその応用が現在見出されるか，あるいは将来見出されるかどうかにかかわらず，われわれの科学文化に関係する活動のほとんど全ての分野に急速に拡大している」．ノーブル博士と同様，わたしも「エレクトロニクスを波及性を持つもの」として表現することで同じ考えを述べる努力をしてきた．そして，エレクトロニクスが持って生まれた可能性を実現して，社会の全ての分野に浸透すると，これらの中でエレクトロニクス工業を見分けることが次第に困難になってくる．これまで，エレクトロニクスを応用してゆくこととその普及は工業的技能と使える道具類が不十分なために制限されてきた．われわれの技術的努力の主な目的はその制限をなくすことで，ここで挙げたような技術革新がそれぞれの成果として，どうにか得られている．私には集積エレクトロニクスの前に横たわる制限を取り除くことで，我々の知識を最も高められるのではないかと思われる．ある意味で，集積化はエレクトロニクスが適切と思われる我々の社会の全ての分野に浸透する最終局面へと導くかも知れない．

　どうしてそうなのか，何がそうさせるのか，を評価するには二つの異なる側面からエレクトロニクスを見るとよい．

　1．一つは内面的なもので，科学，技術およびエレクトロニクスの技術内容である．これは電子的な機能を達成するのに使う材料，デバイスおよび無数の回路を創造し作るための知識と道具である．

　2．次は外面的なもので，たとえば家庭の娯楽，在庫の制御，給料の計算，敵機やミサイルの発見，石油精製の制御を助ける機械などを作るために，エレクトロニクスを応用することである．

　われわれの社会に役に立つ製品を作り，社会のためのサービスを創生するた

めに技術者は働いており，このために努力しなければならない．また，これを継続するには，知識や方法の確立が必要である．

ノーブルが述べたようにエレクトロニクスは一般的技術であり，わたしからいえばエレクトロニクスは本質的に波及・浸透するものである．エレクトロニクスの基礎知識と方法は我々の社会に適合している．知識と結果としての生産とサービスは果てしない有用性を持ち，全ての社会構造に貢献するものである．

普及への障害

知識と方法が適切であるにもかかわらず，エレクトロニクスの本質的な力と完全な普及を実現するためには，知識と方法の応用にあたっていくつかの基本的制限がある．最も重要なものは，(1)信頼性の制限，(2)コストの制限，(3)集積度と複雑さの制限，(4)エレクトロニクスの科学・工学・技術の属性と相対的な未成熟さによって生ずる制限，である．

もちろん，これらの制限は互いに関係しあっている．コストは明らかに高信頼性の要求と高性能化の必要性により生ずる．逆に，回路あるいは機能が複雑になるとその解が必要となり，信頼性または価格の制限が大きくなる．トランジスターあるいはダイオードのような固体デバイスは確かに信頼性を改良するが，複雑さを除外はできない．我々が出した答えは我々経済の工業的にも消費者の側としても，一般に言われるような広い分野では，エレクトロニクスの応用を避けるほどまだ比較的高い価格になっている．四つめの制限に関しては，エレクトロニクスは工学の未成熟な分野であり，非常に熟練した技術者を必要とする．避けられないあいまいさはエレクトロニクスが社会に浸透する速度を制限する．エレクトロニクスが真に社会に適合するには，機械技術者，化学技術者，土木技術者，物理学者，医者，歯医者，はもちろんのこと，家庭の娯楽に入ることにより大衆に広く使われるようにならなければならない．もし，エレクトロニクスを強力な道具として要求するようにならなければ本格的には普及しない．他の職業の熟練技術者と同様，我々の内部の技術集団においても熟練しなければならない．もし，エレクトロニクスに必要な技能がエレクトロニクス機能の入出力パラメータの理解と仕分けだけに限るなら，問題はかなり簡

単になる．すなわち，集積化エレクトロニクスはこれらの通信限界の大部分を取り除くであろう．

新しいエレクトロニクスの自己支援性

集積化されたエレクトロニクスの貢献は信頼性に関する限界を取り除きつつあり，価格の低減と複雑さの増大も印象的である．たしかに，集積エレクトロニクスは前述の四つのカテゴリー全てにおける限界の大部分を取り除く可能性を持っている．そして，エレクトロニクスが我々の全ての分野に対して本当に活力を持って貢献する最終局面を迎え始めている．

今日への応用

上述の限界が取り除かれたことを示す多数の応用がある．たとえば，半導体集積回路の最初の完全な機器応用として，米国空軍の生産工学研究所の支援の下で1961年にテキサスインストゥルメント社によって開発されたデーター・プロセッサーがある．この他，1962年に始められた三つの開発がある．これらはミニットマン誘導システム（NAA社の自動制御部），アポロ誘導システム（MIT），W2F空軍機の中央データー・プロセッサー（リットン工業のデーター・システム部）である．これらの開発によって従来の個別部品を使ったものに対して集積回路の有用性が示された．

初期のディジタル集積回路は，主としてトランジスター構造のコレクターにおける長い高抵抗路および拡散領域と基板間の寄性容量のため，技術的完成が1年から2年遅れていた．前年中のエピタキシャル層の使用はこの設計問題を無視していた．これを改良すれば，特に伝搬時間の問題で，個別トランジスター回路と同等の性能が得られるものと期待される．単一の半導体基板上に作られた多数のディジタル回路の結合は回路間の伝搬時間の減少を実現し，このために個別トランジスター回路よりも集積回路の動作特性のほうが優れている．

非ディジタル（線形またはアナログ）情報源の応用

わたしが予測する電子工学の幅広い効果を実現するためには，上述のディジタル回路と同様，日常我々が接しているアナログ情報に対応する電子機能の応用もしなければならない．アナログ回路の開発は受動素子の作製が困難であるため，ディジタル回路の開発よりずっと遅れている．それにもかかわらず，微分増幅器はミニッツマンII誘導システム（NAA社，自動制御部）とASA-44慣性砲（リットン工業，誘導と制御部）等に応用された．また，重要なことはテキサスインストゥルメント社製の集積回路，増幅器が1964年にジーナス社によって補聴器に使われたことである．私はエピタキシャル技術，絶縁膜および新しい現象の開発がアナログ機能への集積回路の適用をうながしたと確信している．事実，新しい現象の探索によって電子部品を一つの固体基板の中に取り込んで，個別部品を使った回路と同じものを作り，さらに個別部品の性能を越えた．

最近の成長

いかに集積化したエレクトロニクスが我々に影響を与えるか，また，我々は何をしなければならないか，を考えるには，最近の集積回路の成長率を知り，ある程度の期間にわたる将来について，その可能な成長を予測する努力をしなければならない．

実際，図A.1で示すように半導体工業の継続とその応用の広さのために，集積回路の生産量はトランジスター開発当初に比べて，急速に成長した．成長速度の比較は図中のデーターを集積回路当たりのトランジスター数に修正すると，さらに明白になる．したがって，図A.1には集積回路応用の浸透度が示されている．

予測の試み

どのような予測でも，全ての電子回路市場の大きさとその中味について，

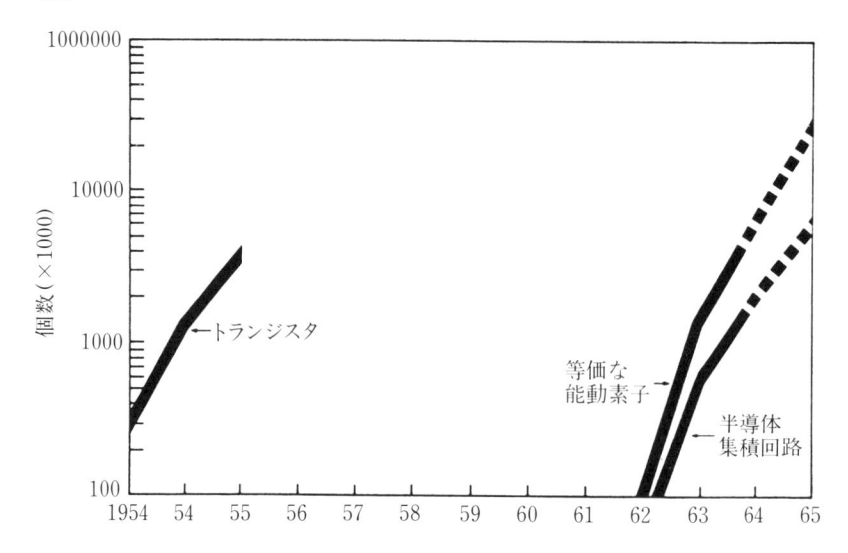

図 A.1　1950年代中期のテキサスインストゥルメント社により出荷された個別のトランジスターの成長速度と 1960 年代初期の集積回路および能動素子類の成長の速度比較を示す．この期間のテキサスインストゥルメント社の成長速度はムーアが 1 年後に予測した全体の予測の平均成長速度を越えている．ただし，テキサスインストゥルメント社はこの期間に他社より成長速度が高かった．

"よく定義された統計はない"と認識してから出発しなければならない．著者は他誌（1964 年 7 月のスペクトル誌）に電子回路市場の見積もりと個別部品から集積回路への代替圧力について報告した．この研究では，統計的近似に基づいて種々の電子回路における能動素子類の生産量を予測した．能動素子類は能動素子（トランジスターなど）にダイオード，抵抗，コンデンサー，リレー，インダクター，コイル，接点，プリント回路板等を加えたものとして任意に定義した．能動素子の数は全トランジスター，制御された整流器，その他の整流器の 37.5%，受信管の数の 170% を基礎にして決められた．これらのデーターから，1963 年における全電子回路のために必要とされる全能動素子数は 1 個当たりの平均価格を 5.04 ドルとしたとき 715×10^6 個である．このようにして，1963 年の全回路価格は全体で 36 億ドルの装置売り上げの約 25% と見積もった．

　次の 10 年間での集積回路の経済効果を予測する際，入りうる変数は非常に

多いが，技術成長の変化速度が非常に高いため，評価の基本的パラメータはほぼ確かで，驚くべきことに図 A.1 のようになる．1973 年における集積回路への代替圧力のモデルを作るためにも，同じ手法を使った．

将来の成功のために基本的に必要なこと

エレクトロニクスが広がってゆく最後の段階に入ることを確認するための基本的な必要条件は三つある．

1. 集積回路を供給し，その他のエレクトロニクス工業の個別部品を代替し，さらに一般工業に密接に関係する集中的で高度に自動化された工業的構造が存在しなければならない．ほんの数社（五つ程度）が工業の必要全需要の 90％かそれ以上を供給する．このためには計算機制御されたプロセス工場をもつ資本集中型の企業が必要となる．エレクトロニクス全需要の 50％かそれ以上を充たす幅広い用途の集積回路を作る柔軟性を持たなければならない．要するに，これは集積回路に関する電子工業の基本材料分野となり，顧客の要求を満足させるための非常に大きな包括的電子工業により使われる基本材料を製造する．現実の問題として，鉄鋼の生産者が自動車工業に対して生産し，あるいは銅の生産者が電気工業に，また，アルミニウムの生産者がこの物質を使う無数の企業に役立っているように，集積回路の生産者は他の工業に貢献しなければならない．

2. 集積回路工業はその製品を説明する入出力パラメータのためにやさしい言葉を確立しなければならない．それは広く多様性のあるコンピューター・プログラムを作ることである．すなわち，我々が現在知っている従来の工業ハンドブックを置き換えるものである．使いやすく説明された入出力パラメータの言葉で計算機による設計をするために，電子材料，集積回路，個別部品の代替品等をユーザーに供給することもある．

3. 今日よりもずっと多くの企業が彼ら自身と顧客の要求を満足するために電子材料を使用するであろう．これらの機関は社会の全ての分野に存在し，従来の電子部品の代替として上述の四つの限界を打破する非常に高度化された集積回路を利用できるであろう．これは入出力パラメータのやさしい言葉で作られた計算機設計を可能とし，無数のコンピューター・プログラムによって実現さ

れよう．将来は非常に才能ある多くの電子技術者が，エレクトロニクスそれ自体の研究開発よりも社会の需要に応じたエレクトロニクス応用研究にその時間を費やすようになるだろう．

1から3で述べた三つの条件は互に独立しているが，最初のものは疑いもなく他の二つを成し遂げるのに必要なものである．高度に凝縮された集積回路工業でなければならないという確信の背景にある理由がこれである．

将来，もし必要な技術および経済的水準が達せられれば，我々の技術的努力の大部分は実時間でフィードバックと制御を行う連続的プロセスに向けた材料とプロセスの改良になる．現在半導体工業で使われている段階的プロセスに比べて，連続的プロセスの工程は価格の減少と，速い反応時間，経済的な短い工程の可能性を持ち，非常に大きい利益に繋がる方法である．その結果，装置は高度に自動化され，上述した入出力パラメータのコンピューター・プログラム

1973 POTENTIAL	GOVT.	INDUSTRIAL	CONSUMER	TOTAL
ELECTRONIC EQUIPMENT SALES	$10.7B	5.7B	3.7B	20.1B
COST OF CIRCUITS USED IN EQUIPMENT	3.1B	1.8B	.9B	5.8B
VALUE OF CONVENTIONAL CIRCUITS POTENTIALLY REPLACEABLE BY INTEGRATED CIRCUITS (AT BREAKEVEN)	1.8B	.7B	.4B	2.9B
SAVINGS IF INTEGRATED CIRCUITS COST 50% LESS THAN CONVENTIONAL CIRCUITS				
AT CIRCUIT LEVEL	.9B	.3B	.2B	1.4B
AT CHASSIS FABRICATION LEVEL	.5B	.1B	—	.6B
TOTAL POTENTIAL SAVINGS	$1.4B	.4B	.2B	2.0B

図A.2　10年後の全体の販売額がどうなるかを1964年にハガティは予測したが，非常に控え目であった．単位は10億ドル(B：ビリオン)である．1年後の1965年に状況は少し明らかになり，マイクロプロセッサーが発明される前に，ムーア(Gordon Moore)はより広い予測をした(テキサスインストゥルメント社の好意による)．

に適切につなげられる．大規模な配列，特に論理機能に対しての方向性はすでに示されている．もし，わたしが示唆したように，7.5億ドルの集積回路市場が1970年代初期から半ばに達成されれば，多分，能動素子7.8億ドルの4分の3は集積回路によって置き換えられるであろう．一つの集積回路当たり平均10個の能動素子を持ち，全量では58.5×10^6個の集積回路が作られるであろう．これは大きな市場である．ただし，現在生産している3億個のトランジスターと3億個程度の受信管がなくなるだろう．このようにして，困難な材料とプロセスの研究開発および実時間でコンピューター制御する自動化された工場が可能になる．58.5×10^6個の集積回路を5社で生産すれば，経済的に成り立つ．経済的に可能な全量の10%以上を扱うのに十分な規模と技術の工場では，1千万ドル単位の基本設備が必要になる．

とにかく，集積回路が，エレクトロニクスの全分野へ波及し，エレクトロニクス工業自体の変革の速度を高めることは確かである．エレクトロニクスに関係する者は将来に向かって，より効果的に，さらに，有効に社会の改善に貢献でき，これはそれに伴う個人的報酬と満足にもつながるであろう．

コンピューターはさらに強力になり，完全に異なった手法で構築される．たとえば，集積回路により作られた記憶は中央処理装置に集中されたものに代わり機械を通して分散処理されるであろう．その上，集積回路により作り出された高い信頼性はさらに大きな処理装置を作ることを可能にする．現在使われているものと同様の機械は低価格となり，買い換えの回転も速くなる．

付録B ゴードン・ムーアの予測（1965年）

次のムーア（Gordon Moore）による論文「集積回路にさらに多くの部品を詰め込む」は1965年4月19日発行のエレクトロニクス（Electronics）誌114ページに掲載された．原版のいくつかの箇所は省略し，副題を付けた．

現在と将来

ここでは，集積エレクトロニクスに関して，縮小できない装置を使用するために使う付加的なエレクトロニクス機能を含め，マイクロ・エレクトロニクスとしてよばれている種々の技術を対象にする．これらの技術は1950年代後半に最初に研究された．制限されたスペースの中に増え続ける複雑な機能を持つ電子装置を収めるため，小型化・軽量化するのが目的である．個別部品，薄膜構造，および半導体集積回路のための超小型組立技術を含むいくつかの取り組みが展開された．

これらの取り組みは他の分野から多くの技術を借りて急激に進められた．多くの研究者は種々の方法を結合することが将来の手法であると信じている．

半導体集積回路に共感する人たちは，すでに半導体基板上に薄膜抵抗を付けることによって特性を改良したものを使っている．また，受動膜アレイのための能動半導体デバイスの付属品にも，精巧な技術を開発している．これらの手法は両方とも成功し，現在の装置で使われている．

確立された新しいエレクトロニクス

集積回路は現在確立されたものになっている．また，その技術は新しい軍のシステムにとって不可欠なものである．信頼性，大きさ，重さへの要求は集積

化によって可能となった．人が乗って月へ飛行するアポロのような計画では，個別トランジスターと同じ程度に故障がないことを示し，集積エレクトロニクスの信頼性を実証した．

民生用コンピューター分野のほとんどの会社には，集積エレクトロニクスを使った設計および生産機械がある．これらの機械は"一昔前"のエレクトロニクスを使うものより良い性能を示し，価格も安い．

種々の機器，特にディジタル技術を採用した機器の数が急速に増えており，製造および設計両方のコストを切り下げるので，これらの集積化を始めている．

アナログ集積回路の使用はまだ軍用だけに限られている．このような集積機能は高価でアナログ・エレクトロニクスの大部分を満足するために必要な品揃えはない．しかし，最初の応用としては商業エレクトロニクス，特に小型の低周波増幅器が必要な機器に使われ始めている．

信 頼 性

ほとんどの場合，集積化されたエレクトロニクスは高信頼性を示した．個別部品の信頼性に比べて歩留まりが低い現在の生産レベルですら，装置のコストを低くし，多くの装置で改良された機能を実現している．

シリコンでない半導体が特別の応用に使われているが，シリコンは基本的材料として残りそうだ．たとえば，ガリウム砒素は集積マイクロ波デバイスに重要であろう．しかし，シリコンは低周波応用で優れており，それはシリコンとその周辺の技術がすでに確立していることと安定な酸化物のためである．また，資源的に豊富で，安価な半導体材料であるので，これからも主要な地位を保つであろう．

価格曲線：ムーアの法則

価格を下げることは集積化したエレクトロニクスの大きな魅力である．価格低減には一つの半導体基板上にできるだけ多くの回路機能を収容することである．簡単な回路ではパッケージ中に同じ素子が含まれることになるので，部品

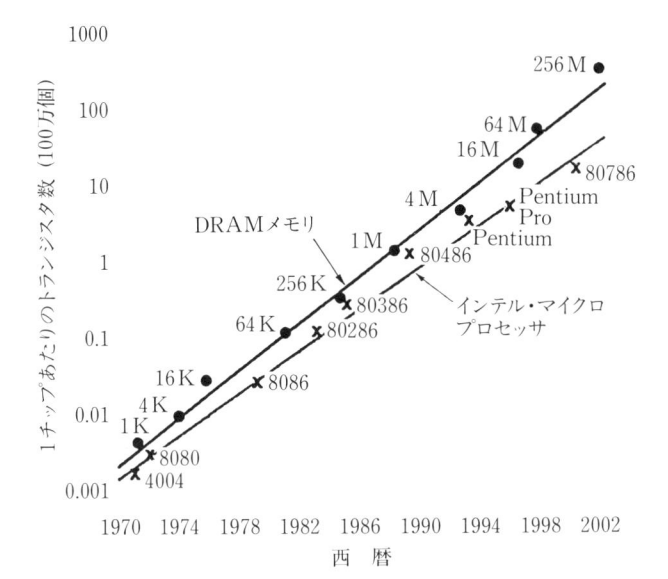

図 **B.1** ムーアの法則が有効な一例．この図は DRAM とインテル・マイクロプロセッサーの 30 年間にわたる生産の成長推移である（フォーブス社と VLSI 社の好意による）．

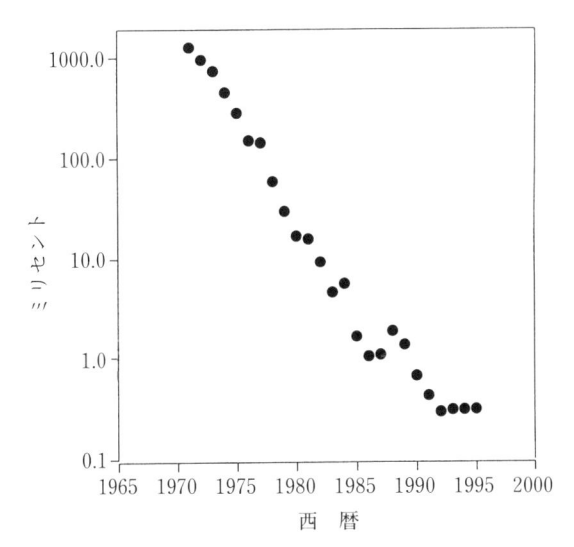

図 **B.2** 30 年間にわたるメモリの 1 ビット当たりのコストの変遷（VLSI 社の Hutcheson と Hasty の好意による）．

当たりの価格は部品の数にほぼ逆比例する．部品数が増え，複雑さも増すと歩留まりは低減し，部品当たりのコストが増す．

このように，技術の発展によって，何時の時代でも最低の価格にできる．現在，1回路（1チップ）当たりの構成要素（ビット）数は50に達している．しかし，全コスト曲線が落ちると最低価格は急速に上がる．価格のプロットから5年先を予測すると，要素当たりの最低価格から集積回路（1チップ）当たり約1000ビットとなる．ただし，このような回路機能がある程度量産されると仮定した．5年後の1970年に，ビット当たりの生産価格は現在の10分の1となることが期待される．

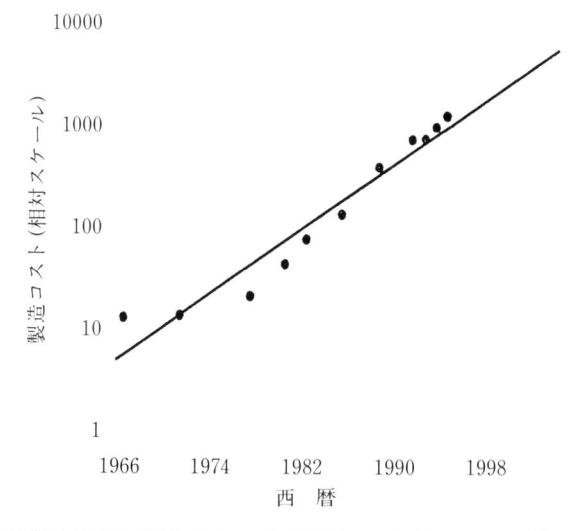

図 B.3 半導体製造装置に関するムーアの法則．これはムーアの第2法則ともよばれている．製造装置コストの幾何級数的上昇を示す．半導体工業の潮流に関する研究を行ったVLSI社のハッチンソン（Daniel Hutchenson）は1980年代に製造装置の急激なコスト上昇について追跡調査した（フォーブス社とVLSI社の好意による）．

現在，1チップ当たりのビット数は大体毎年2倍の割合で増加している．長期的にみた増加率は不透明だが，少なくとも10年間はほとんど一定である可能性がある．10年後の1975年での1チップ当たりのビット数は65,000程度（65キロビット）であろう．

付録 B　ゴードン・ムーアの予測（1965 年）　*269*

わたしは一つのチップにこのような大規模回路が構築でき得ると信じている．

2 ミル平方

　集積回路ですでに使われている寸法公差は，たとえば分離している高性能トランジスターの場合，中心距離で 1 インチの 2000 分の 1（50 マイクロメーター）である．2 ミル平方の中には数キロオームの抵抗か数個のダイオードが入りうる．結晶の 1 インチの長さに少なくとも 500 のビット，あるいは，1 インチ平方当たり 2.5×10^5 ビットが入りうる．このように 65,000 ビットでも 1/4 平方インチですむ．

　現在使われているシリコン・ウェハは通常直径 1 インチ（2.54 cm）かこれよりやや大き目のものだが，部品を繋ぐ配線に大きな面積が費やされており，もっと密に集積するための空きがまだまだある．現在絶縁体薄膜を用いた多層配線の努力が続けられており，実用化の見通しが立っている．部分密度は現在の光学技術（リソグラフィー）により改良することができる．さらに，小さい構造を作るために電子ビームなどの研究がされているが，当分は必要ないであろう．

歩留まりの向上

　100％のデバイス歩留まりを得るのに基本的な障害はない．現在，パッケージングの費用が半導体構造自体の費用に比較してはるかに高いので，歩留まり改善に余り役立たない．ただし，経済的に評価されるならば歩留まりは向上できる．化学反応において考えられる熱力学的な平衡あるいは飽和と同様な歩留まりの限界はデバイスには存在しない．基本的研究や現在の基本的プロセスを変える必要もない．ただ，工学的努力が必要なだけである．

　集積回路開発の初期には，歩留まりが非常に低く，上述のような考え方はなかった．今日，通常の集積回路は個別の半導体デバイスと同程度の歩留まりで作ることができる．

発熱の問題

　1枚のシリコンチップの中の何10万という構成要素の電気抵抗によって発生するジュール熱を取り去ることが可能であろうか．
　もし，標準的な高速ディジタル計算機の容積を構成部品だけの大きさを考えて小さく圧縮するならば，発熱のために現在の電力損失はさらに大きくなってしまうだろう．
　その上，回路に関する種々の配線とコンデンサーを駆動するのに電力が必要である．しかし，集積回路ではこれが起こっていない．集積されたエレクトロニクス構造は二次元であるので，熱が発生する場所の近くに冷却可能な表面と基板がある．機能がウェハの小さな面積に制限されれば，駆動しなければならない容量の大きさも明らかに制限される．したがって，集積構造の寸法縮小による単位面積当たりの電力が同じであれば，高速で装置を駆動することが可能となる．

最終目標

　このように部品を詰め込んだ装置を作ることは困難ではない．では，われわれはどのような環境の下でこれを進める必要があるのか．答えはデバイスを作るための全費用を最小にすることである．これをするために，同じ物をいくつか作って技術費を償却するか，あるいは大きな装置に対応できるフレキシブルな技術を発展させ，その要素を組み合わせることにより不必要な出費を負わないようにすることだろう．新たに改良される自動設計法は特別な技能なしに論理ダイヤグラムから実用化に結びつけられる．
　別々にパッケージされた小さな機能を相互につなぐことで，大きなシステムを構築することが経済的であると証明されるかもしれない．機能設計と構築を一緒にした大きな機能は速度と経済性の両方を兼ね備えた多種類の機器を設計・製造するための大きな装置の製造を可能にするだろう．

アナログ回路

　集積化はディジタル方式ほど根本的にアナログ方式を変えないであろう．また，集積化のかなりの割合はアナログ回路でなし遂げられるであろう．大容量のコンデンサーとインダクタンスが欠けているのはアナログ領域において，集積エレクトロニクスに対する最も大きな基本的制限が存在するためである．

　本来，コンデンサーのような素子はその中にエネルギーを貯蔵することが必要である．たとえば，高いQ（狭い共鳴）を求めるならば，その容積は大きい必要がある．大きい容積の必要性と集積エレクトロニクスの不一致はこれらの言葉自体からも明らかである．ピエゾ電気結晶のような共鳴現象は同調機能のような応用があるだろうが，インダクターやコンデンサーはしばらくの間使われるであろう．

　将来の集積化されたラジオ周波数増幅器は利得を集積したいくつかの段階からなるであろう．これは低コストで高い動作特性を持ち，比較的大きな同調素子と一緒に配置できる．

　他のアナログ機能もかなり変わるであろう．集積構造中の同様の部品の結合は非常に改善された性能を持つ微分増幅の着想につながる．集積構造を安定にする熱帰還効果の利用は結晶安定性の優れた発信器の製造を可能にする．

　マイクロ波の領域でも，集積エレクトロニクスの定義を含む構造は一層重要になる．使われる波長と比較して小さい部品を作り組み立てる能力は一纏めのパラメータ設計を使えるようにし，少なくとも，より低い周波数を使えるだろう．現在，集積エレクトロニクスによるマイクロ波領域への侵透がどうなるかを予測することは困難である．たとえば，位相アレイ・アンテナのようなもの，あるいは集積化したマイクロ波電源の多重化ができれば，完全にレーダーを革新できよう．

謝　　辞

　この本を作るにあたって，力をお貸し下さった多くの方々に感謝の意を表すのは大きな喜びである．本文の中にも書いてあるが，ここでまとめて謝辞を述べたい．

　この歴史的な記録には三つの継続的な段階がある．第1段階は「まえがき」で述べたように，マサチュセッツ工科大学のラジエイション研究所の仕事である．これは第二次世界大戦のときにヘテロダイン混合器として使われたシリコン-タングステン・ダイオードの開発と改良を中心としたものである．電子工学にシリコンを使うことに関しては，簡潔な記事が Physics Today 誌の1995年の1月号に載った．この記事はトーレ（H. C. Torrey）とサイツの回想，ラジエイション研究所シリーズ15巻所載のトーレとウィットマー（Charles A. Whitmer）による結晶整流器（Crystal Rectifiers）の項に書かれている内容，などから多くを集録している．当時，トーレは研究所の半導体開発計画を指導していた．したがって，トーレには著者の一人といえるほどお世話になった．

　第2の段階は無線電信の世界に導いた1880年代のヘルツによる創造的な実験と，第二次世界大戦が始まる前のマイクロ波とレーダーの研究時代である．この時期の歴史的研究はもっと大きな研究者グループの寄与によるものである．すなわち，ラジエイション研究所の元職員だったハーバード大学のパウンド（Robert V. Pound）が，第二次世界大戦初期の英国のロビンソン（Denis M. Robinson）による半導体ダイオードに関する仕事に注目したときから始まった．まえがきで述べた Proceedings of the American Philosophical Society に載っている論文で強調したように，パウンドの歴史的研究はもちろんのこと，ニューヨークのゼネラルエレクトリック研究所に勤めていたアンダーソン（John M. Anderson），ルール大学のボッシュ（Berthold Bosch），カーネギー大学のブラウン（Louis Brown），ミシガン大学の故ブライアント（John H. Bryant），ケンブリッジ大学のカーン（Robert W. Cahn），イリノイ大学のホッドソン（Lillian H. Hoddeson），元ベル電話研究所のマッケイ（Kenneth G.

McKay），元デュポン社のオルソン（C. Marcus Olson），マサチュセッツ工科大学文書記録センターのサムエル（Helen Samuels），マサチュセッツ州ケンブリッジ在住のロビンソン（Harald D. Robinson），ならびにロビンソン（Denis Robinson）のご子息らは，初めから終わりまで私達の仕事を助けて下さった．ボッシュは彼の個人的な収蔵資料から歴史的および技術的に重要なものを提供して下さり，非常にお世話になった．カーンは英国の特別な情報を探すために努力して下さった．

さらに，パリ在住のエーグラン（Pierre Aigrain），ENEA センターのバルダッチーニ（Giuseppe Baldacchini），ピサの Squola Normale Superiore のバッサーニ（Franco Bassani），以前にレーダーの歴史書を出版したマサチュセッツ州ケンブリッジ在住のブデリ（Robert Buderi），ローマ大学のチアロッチ（Gianfranco Chiarotti），シュツッツガルト大学のハーネ（Erich Hahne）とバルトー（G. Barthau），集積回路の発明者であるキルビー（Jack S. Kilby），イリノイ大学のケーラー（James S. Koehler），科学史家のリオルダン（Michael Riordan），元イリノイ大学のフォースター（Heinz von Foerster）に感謝する．

この本を完成するための第 3 段階の探究は次の三つの願いを果たすために始められた．一つは無線電信の初期の実験に使うことができたシリコンの結晶がどのように作製されたかの経緯を明らかにすることである．二つめは結晶ダイオードの開発と実用化から，レーダー用の個別トランジスター，集積回路，マイクロコントローラー（マイクロプロセッサー），への発展を将来を展望しながら明らかにし，第三にこの探究の第 1 および第 2 段階で起こった発展の詳細を知ることである．

上記の第 2 段階の探究に関してはすでに名を掲げた方々の多くに力強い支援を戴いた．特に，エーグラン，ボッシュ，カーンに感謝する．さらに，ロシア科学院副院長のアルフェロフ（Zhores I. Alferov），米国科学アカデミーのエーレンライヒ（Robert M. Ehrenreich），元テキサスインストゥルメント社のハリス（S. T. Harris），キルビー（J. S. Kilby），カムフォート（James Comfort），レビン（Harold Levine），元テキサスインストゥルメント社とセマテックのヘイスティ（Turner E. Hasty），イリノイ大学のホッドソンおよびホロニャック（Nick Holonyak），セマテックのハッフ（Howard R. Huff），ベ

ル電話研究所のローディス（R. A. Laudise），テキサスインストゥルメント社のニューライター（Norman P. Neureiter），イリノイ大学図書館のレイノルド（Leslie Reynolds），ショックレイの履歴を調べて下さったシャーキン（William B. Shurkin），カルフォルニア大学バークレイ校のサスキン（Charles Susskind），イリノイ大学のワート（Charles A. Wert）に感謝する．ヘイスティとハッフには本書の初稿を読んで戴き，科学的および技術的事柄から編集にわたるまで有益な助言を賜った．

　個別トランジスターの発明につながるできごとの順序を明らかにするために，9章の執筆に力を注いだ．特に，発展の名段階で有意義な討論をして戴いた，ベル電話研究所の元所長であるロス（Ian M. Ross）ならびに現在の副所長であるブリンクマン（William F. Brinkman）に感謝する．同様に，ホロニァック，ホッドソン，リオルダンに感謝する．ホッドソンとリオルダンのお陰で，ノートン社から出版されたCrystal Fire（NewYork, 1997）を原稿の段階で読む機会ができた．これについては，ノートン社のバーバー（E. Barber）にも感謝する．

　多結晶ゲルマニウムのトランジスター動作の発見を含め，重要な情報を提供して戴いたマタレ（Herbert Mataré）を紹介して下さったボッシュに深謝する．これらはこの本の182頁に書かれている．

　テキサスインストゥルメント社の元社長である故ジャンキンス（Jerry R. Junkins）ならびにインテル社の顧問であるムーア（Gordon E. Moore）との面談から，沢山の情報を得た．この面談に関しては，ホッドソンとリオルダンがムーアに面談したときの手記を読み返して下さったホッドソンに感謝する．これはパロ・アルトにあったショックレイの会社の主要な化学研究員であったムーアが働いていた時期の内部事情を知るのに役立った．本書を計画したとき，米国化学会と化学財団の化学史シリーズの編集者であったスターチオ（Jeffrey L. Sturchio）に本書の概要について相談し，有益な助言を戴いた．彼の後任のトラヴィス（Anthony S. Travis）は本書の初稿に目を通して下さった．お二方に深謝する．

　本書の執筆中，国際電気・電子学会の編集者であるボンドパジャイ（Probir K. B. Bondyopadhyay）から，トランジスターの発明記念号の原稿を依頼された．そして，本書の2章と9章の内容について助言を戴いた．

本書の内容にふさわしい図を見つけだすのは切りがないことであった．これに関しては，巻頭を飾ったダヴィ（Jacques Louis David）によるラボアジェの肖像画の掲載を許可されたニューヨーク市のメトロポリタン美術館に深謝する．

　多くの図面は米国物理学会文庫，国際電気・電子学会の電気技術センター，米国科学アカデミー，スミソニアン博物館，などに従来から収集されているものを利用した．これらの機関でお世話して下さったカイファー（Tracy Keifer），ゴールドシュタイン（Andrew Goldstein），ゴールドブラム（Janice Goldblum），ローゼンバーグ（Mark Rothenberg）に感謝する．フォーブス社の"米国の発明と技術"誌の図表編集者のコリハン（Jane Colihan），グロンダールの写真を探して下さったカイファー（Ms. Keifer）に感謝する．ミュンヘンのドイツ博物館とパリの科学アカデミーからは多くの写真を提供して戴いた．ロンドンの王立協会事務局は会員の記念写真を提供して下さった．これらのご支援に対して，事務局の方々に感謝する．カーン（Robert Cahn）はロッテマイトナ・スタジオから映像を入手し，ケーニッヒスバーガーの写真を探すのに努力して下さった．スタンフォード大学文庫からはクライストロンの発明に関して，発明者と協力者の歴史的な写真を提供して戴いた．国立公園局のエジソン歴史館の人たちには，蓄音器を発表したときのワシントンで撮影した写真を提供して下さっただけではなく，写真を撮影したときの挿話も紹介戴いた．

　ブラウンの写真はメッツナー（H. Metzner）とサイツ（Fritz Seitz）の特別な計らいでチュービンゲン大学から入手した．アルフェロフはメンデレーエフとポポフの写真，1930年代後半に高性能の多空洞型マグネトロンを開発したソ連のレーダー・グループの写真を提供して下さった．ロンドンの科学技術博物館は今までに見たことがなかったマクスウェルの若い頃の写真を使うことを許可して下さった．キルビー（Jack S. Kilby）は彼自身の写真だけではなく，米国陸軍信号部隊によって発行された重要な書類を貸して下さった．その表紙は本書に掲載されている．ブッシュ（Georg Busch）は彼自身の写真を提供して下さり，さらに，協力者のコーン（Pierre Cohn）とともに，彼が書いた半導体史の包括的な展望に載っているいくつかの写真を探すのに協力して下さった．ジェナ大学はビーデッカーの写真の複製を親切に提供して下さった．

ボッシュ（Berthold Bosch）は廃刊になった雑誌からホールマンの写真を探して送って下さった．エーグランはフランスのマグネトロン研究のリーダーだったポントの写真を提供して下さった．

マサチュセッツ工科大学から 1946 年に出版されたラジエイション研究所 5 周年記念誌には，ロビンソンの写真を含め，数点が載っている．これらは 1991 年に催された国際電気・電子学会のマイクロ波国際シンポジウムで複製されている．これらの複製を提供して下さったブライアント（John Bryant）とその協力者に感謝する．これらとともに，トーレとウィットマーの著書である "Crystal Rectifiers（半導体整流器）" からも転載させて戴いた．フリードマン（Herbert Friedman）は米国海軍研究所公文書館に，ベッカー（William O. Becker）とローデス（R. A. Laudes）は AT & T ベル研究所文庫に紹介して下さった．海軍公文書館のアプフェルバウム（Henry Apfelbaum）らに感謝する．前述のホッドソンはパーデュ大学物理学科のオールに関するかなり貴重な写真を見つけて下さった．パーデュ大学物理学科のツービス（Arnold Tubis）は第二次世界大戦中にパーデュ大学で研究されたゲルマニウムについて貴重な写真を提供して下さった．ハード（Katherin M. Hurd）はド・フォレストのトライオードを改良して AT & T のシステムを全国的に拡張した祖父のヴェイルの資料を貸して下さった．ホロニャックはバーディーンの論文と彼が講義に用いた図面を提供して下さった．ヘイスティは SEMATECH 文庫の中から興味ある写真を見つけ出して下さった．ツアノン-ブランリー（Marion Tournon-Branly）は彼女の祖父の写真のほか，パリのブランリー博物館を案内して下さった．

マイクロコントローラーの発明者として米国特許局から認定されているブーン（Gary Boone）は依頼に応えて彼の写真の複製を提供して下さった．同様に，パインズ（David Pines）とイリノイ大学はバーディーンが 1972 年にノーベル賞を受賞したときの写真を提供して下さった．

貴重な写真の数々を提供してくださった AT & T を始めとして多くの企業に深謝する．これらの企業はフォーブス，インテル，マテリアル・インターナショナル，マイクロソフト，ネクスト・ソフトウェア，ロバートソン・ステファンズ・シナプティックス，ならびに VLSI 社である．インテル社のビッテル（Sharon Bittel）は多方面で支援して下さった．また，テキサスインスト

ゥルメント社の文書館には，同社とマグロウヒル社とが共同で出版した技術書シリーズからの図の転載を許可して戴いた．247〜248頁に載せたシリコン結晶の写真を提供して下さったワッカー・シリトロニック社のフステッター（H. Fusstetter）の助力に感謝する．

　終わりに，本書の制作に多くの助言を戴き，また，大変ご協力して下さったイリノイ大学出版局の方々に深謝する．

人名索引

あ
アーノルド, H. D. ……………157
アームストロング, E. M. ……44, 45, 49
アール, M. D. ………………134
アウイ, R. ……………………10
アブカー, L. R. ………………227
アルフェロフ, Zh. I. …………111
アレクセーエフ, N. F. ……109, 110, 111
アレン, P. ……………………252
アンジェロ, S. J. ……………148

い
イヤリアン, H. J. ……………147

う
ヴァンデグラフ, R. …………120
ウィグナー, E. P. …………68, 71
ウィットマー, C. A.
 ……………141, 142, 143, 149, 150
ウイルキンス, A. F. …………114
ウィルソン, A. H. …………74, 75
ウィルソン, R. W. …………155
ウーレンベック, G. ……………65
ヴェイル, T. H. ……44, 156, 157
ウェーラー, F. ………………5, 6
ウェネルト, A. ………………32
ウェブスター, D. L. …………129
ウェルカー, H. ……78, 102, 182
ウォーレス, B. ………………252
ウッド, S. ……………………252
ウッド, M. ……………………252
ウッドヤード, J. R. ……129, 148
ウッドリッジ, D. ……………161

え
エヴァソン, R. ………………115
エーグラン, P. …………107, 183
エカート, J. P. ………………200
エジソン, T. A. ……32, 34, 131
エベリット, D. W. L. ………190
エルスター, J. ………………32
エンジボウス, T. ……………242

お
オール, R. S. ………119, 161, 162, 167
オリア, B. ……………………252
オリファント, M. L. E. ……114, 117
オルソン, C. M. ……………139
オンネス, K. ……………98, 189, 190

か
カースト, D. ……………146
カーティ, J. ……………157
ガイガー, P. H. ………160
ガイテル, H. ……………32
カステリ, P. ……………23
カリガン, C. J. ………139

き
ギブニー, R. B. …………171
ギュトン, H. ……………106
キュリー, P. ……………11, 12
キルビー, J. S. ……213, 214, 221, 255
キング, W. J. …………161
ギンズトン, E. …………149, 150

く
クーパー, J. B. …………134
クーパー, L. N. ……189, 190

クック, A. ……………………………256
グッデン, B. ………………………63, 103
グムリッヒ, E. …………………………9
クライナー, E. ……………………196
グライナッハー, H. ………………47
グリーンバーグ, B. ………………252
グリニッチ, V. ……………………196
クルツ, K. …………………………47
クルンプ, H. ………………102, 111, 123
クレゴン, H. G. ……………………224
グローブ, A. ………………226, 242, 244
グロンダール, L. ……………159, 160

け
ゲイツ, W. ……………………251, 252
ケーニッヒスバーガー, J. ………58, 59
ゲー・リュサック, J. L. ………………4
ゲーリング, H. ……………………103
ゲールラック, H. E. ………………113, 121
ゲッベルス, P. ……………………105
ケリー, M. J. ……141, 160, 164, 183, 215

こ
ゴードシュミット, S. A. ……………65, 98
ゴールドシュタイン, H. …………200
コーンウェル, E. M. ………………147, 150
コッククロフト, J. D. ……………114
コッホ, B. …………………………123
コブザレフ, Y. B. …………………111
コンドン, E. U. ……………………146, 156

さ
サイツ, F. …………………68, 71, 133
ザイラー, K. ………………………102
サウスワース, G. C. ………………161, 162
ザックス, R. ………………………147

し
シーヴ, J. N. ………………………177

シェファード, M. …………222, 242, 243
シッフ, L. I. ………………134, 150, 151
シマ, M. ……………………………233
シャーウッド, E. …………………149
ジャーマー, L. H. …………………155
ジャンキンス, J. R. ………………242, 243
シュウィンガー, J. ………………146
ジュエット, F. P. ……153, 154, 157, 158
シュリファー, J. R. ………………189, 190
シュレディンガー, E. ………………64
ショックレイ, W. B.
　　　　　　…………161, 164, 167, 169, 191
ショットキー, W. ………46, 62, 84, 170
ジョブズ, S. P. ……………………250, 251
ジョンソン, V. A. …………………147
ジョンソン, J. E. …………………222
ジラルドー, E. ……………………106

す
スーラー, H. C. ……………149, 150, 163
スカフ, J. H. …136, 137, 150, 163, 202
スキナー, H. W. B. ………117, 118, 120
ステファン, W. E. …………………134, 150
ストラット, M. ……………………67, 68
スパークス, M. ……………………199
スピッツァー, W. G. ………………119
スペンケ, E. ………………………170
スポーク, C. ………………………226
スミス, R. N. ………………………147

せ
セラブ, W. …………………………142
セリン, B. …………………………190

そ
ソラリ, L. L. ………………………23
ゾンマーフェルト, A. ………………64, 65

人名索引　*281*

た
ダーウィン, C.G. ……………………95
ダヴィ, P. …………………106, 107
ダマー, G.W.A. ……………………213
ダンウッディ, H.C.C. ……………36

ち
チェルニシェフ, A.A. ……………111
チョクラルスキー, J. ……………204

つ
ツウベ, M. ……………94, 95, 131, 213
ツボリキン, V. ……………………49, 50

て
ディーケ, G.H. ……………………117
ティール, G.K. ……………183, 203, 204
ティザード, H. …………………113, 114
ディッケ, R.M. ……………………145
ディラック, P. ……………………64, 66
デヴィソン, C.J. ……………………155
デーシィ, G.C. ……………………176, 181
デービー, H. ……………………4, 54, 55
テーラー, A.H. …………………130, 131
テスラ, N. ……………………27, 28
テナール, L.J. ………………………4
デニス, C.M. ………………………135
デュブリッジ, L.A. ………………133

と
トゥバント, C. ………………………62
トーマス, L.H. ………………………95
トーレ, H.C. ……………141, 142, 150
トジ, A. ………………………………32
ド・フォレスト, L. ………33, 43, 45, 158
トムソン, J.J. ………………………56
トランプ, J. ………………………120
ドルーデ, P. …………………57, 58, 65
トンプソン, B. ………………………3, 4

な
中川, Y. ……………………………123

に
ニックス, F.C. ……………………161

ね
ネメノフ, M.F. ……………………112

の
ノイス, R.N. ………196, 197, 211, 214,
　　　　215, 216, 221, 225, 238, 242
ノース, H.Q. ……………………140, 150
ノーブル, D.E. ……………………256

は
パーサル, C.S. ……………………145
ハーシュバーガー, W.D. …………132
パーシル, E. ………………………145
バーチャム, W.E. …………………118
ハーツフェルド, K.F. ……………147
バーディーン, J. ……119, 150, 164, 167,
　　　　168, 170-172, 174, 178-180, 182
ハーバン, E. ……………………48, 99
バーラン, S. ………………………106
バーリンガー, E.R. ………………145
ハイゼンベルグ, W. ………………64
パウエル, V. ………………………145
パウリ, W. …………………………64, 146
パウンド, R.V. ……………………149
ハガティ, P.E. …184, 221, 222, 241, 255
パステルナック, S. ……………134, 150
ハッチンソン, D. …………………268
ハッドフィールド, R.A. ……………9
ハル, A.W. ………………………47, 48
バルクハウゼン, H. ………………47
ハンセン, W.W. ……129, 130, 146, 149
ハンティントン, H.B. ……142, 145, 150

ひ

ピアス, J.R. ……………………174
ピアソン, G.L. ……………161,167
ビーデッカー, K. ………………59,60
ビグロウ, E. ………………………8
ピッカード, G.W. ………………36,37
ビッドウェル, C.C. ……………135
ヒットルフ, J.W. ………………55
ビニヤード, G.H. ………………134
ビュシー, J.F. …………………242,243
ビュル, W. ………………………102
ヒュルスメヤー, C. ………………93
ヒル, A.V. ………………………114

ふ

ファジン, F. ……………………234,235
ファラディ, M. ………………14,54,55
ファン, W.G. ……………138,163,201,202
ブート, H.A.H. …………………114
ブーン, G. ………………………232
フェセンデン, R.A. ……………24,25,31
フェルミ, E. ……………………17,64,66
フォックス, M. …………………141
フォン・アルデンネ, M.
 ………………………50,97,103,104
フォン・ノイマン, J. ……………184,200
ブッシュ, G. ……………………53,54
ブライアント, J. ………………122
ブライト, G. ……………………94,95,131
ブラウン, F. ……………………13,26,44,81
ブラウン, L. ……………………102
ブラウン, E. ……………………149
ブラケット, P. …………………114
ブラッテン, W.H.
 …………161,164,167,168,171,190
ブラベ, A. ………………………10
ブランク, J. ……………………196
ブランリー, E. …………………22,23
プリーストリー, J. ………………2,3
ブリーニー, B. …………………121
フリュハオフ, H. ………………108
フルミ, S. ………………………250
ブレイ, R. ………………………146,147,148
フレミング, J.A. ………………32,33,43
フレンケル, Ya. …………………62
ブロッホ, F. ……………………67

へ

ヘイスティ, T. …………………215,244
ベーカー, W.O. …………………155
ベークランド, L.H. ………………39
ページ, R. ………………………131,132
ベーテ, H.A. ……………………64,65,145
ベクレル, A.H. …………………11
ベッカー, J. ……………………146,161
ベックマン, A.O. ………………192
ベネット・ルイス, W. ……………114
ベリニ, E. ………………………32
ベルセーリウス, J.J. ……………4,5
ヘルツ, H. ………………………16,17
ヘルニ, J. ………………………196,211
ヘルムホルツ, H. von ……………15
ペンチアス, A.A. ………………155
ベンツァー, S. …………………147

ほ

ボーア, N. ………………………64,65
ボーエン, E.G. …………………114
ボーエン, A. ……………………161
ホーガン, C.L. …………………226
ボース, J.C. ……………………25,34
ホール, E.H. ……………………56,57
ポール, R.W. ……………………61,188
ポールソン, D.V. ………………31
ホールバックス, W. ……………17
ホールマン, H.E. ………48,96,103,132
ボーン, R. ………………………164,174,183
ボクト, W. ………………………12,13

ポストフームス, K. ……………115
ボゾルス, R. ……………………161
ボッシュ, B. ……………………103
ホッフ, T. ………………………234
ポポフ, A. ……………………29,30
ボルタ, A. ………………………53
ボルン, M. ………………………64
ホロニャック, N. …………………88
ホワイト, A. H. ……………149,150
ボンチ-ブルエヴィッチ, M. A. ……111
ポント, M. ……………………106

ま
マイスナー, A. …………………44
マイヤー, L. ……………………6,7
マウラー, R. J. ……………134,150
マクスウェル, J. C. ………………14
マクドナルド, M. ………………252
マタレ, H. …………………102,182
マッケイ, K. G. ……………190,191
マッコンネル, R. A. ……………142
マルコーニ, G. ………21,26,29,44
マルヤロフ, D. D. ………109,110,111

み
ミード, C. A. …………………119
ミラー, P. H. ………………134,150

む
ムーア, G. E. 196,197,222,223,225,265

め
メスニー, R. …………………106
メンデレーエフ, D. I. ……………6

も
モウチュリー, J. W. ……………200
モーズリー, H. G. ………………60
モートン, J. ………………140,141

モット, N. F. ………………83,84,117

や
ヤング, O. D. …………………159

ゆ
ユーゴン, M. …………………106

よ
ヨースト, W. ……………………63
ヨッフェ, A. F. …………………109

ら
ラーク-ホロビッツ, K. ……………146
ライド, J. W. …………………139
ラウエ, M. von …………………13
ラスト, J. ……………………196
ラスムーセン, E. R. ……………117
ラボアジェ, A. L. …………………2
ラムザウアー, K. …………104,105
ラングミュア, I. ……………44,158
ランダール, J. T. ………………114

り
リーケ, C. V. E. …………………57
リトル, J. B. …………………203
リリエンフェルト, J. E. …………169
リンデマン, F. A. ………………114

る
ルイス, W. B. ………………114,116
ルイス, M. L. …………………134
ルイス, G. L. …………………139
ルイス, A. ……………………252

れ
レーン, J. ……………………252
レトウィン, G. …………………252
レベンソン, S. …………………250

ろ

ローエ，A. P. ……………………114
ローソン，A. W.
　………………133, 134, 139, 145, 150
ローランド，H. A. ………15, 18, 56, 57
ローレンス，E. O. ………………120
ロザンスキー，A. A. ……………111
ロス，I. M. ………………176, 181
ロチェスター，N. ……………148, 151
ロックフェラー，D. ……………241
ロッジ，O. ………………………22
ロットガルト，K. ………………163
ロットガルト，J. ……………101, 163
ロバート，S. ……………145, 196
ロビンソン，D. M.
　………………50, 101, 115, 116, 118, 122

わ

ワーレン，H. N. ……………………8
ワイスコップ，V. F. ……………147
ワグナー，C. ……………………62
ワトソン-ワット，R. ……………114

事項索引

あ
アイントホーヘン研究所 …………114
アクセプター準位………………77
亜酸化銅整流器 …………………160
アップル社 ………………250, 251
アナコスチア海軍研究所 ………130
アナログ集積回路 ………………266
アマチュア無線……………………47
アメリカ電信電話会社(AT & T)
　………………………44, 154, 156
アルカリハライド………………61
アルソス調査団……………………98
アルフェロフの手紙 ……………111
アンペック社 ……………………217

い
イオン注入 ………………………209
イオン伝導…………………………62
インターネット …………………251
インターナショナルビジネスマシン
　(IBM)社 ……………………184
インテル社 ………………………225

う
ウェスティングハウス社…………38

え
SRAM ……………………………218
n型不純物半導体…………………81
エピタキシャル成長 ……………206
F中心………………………………61
エミッター ………………………173
エレクトロニクス ………………256

お
オーディオン………………………43
オームの法則………………………13

か
界面の研究 ………………………119
回路設計 …………………………246
活性化エネルギー ………58, 135
ガンマ線放射 ……………………155

き
金属学………………………………8
金属-酸化物-半導体電界効果トランジ
　スター…………………………181
金属自由電子論 ………………57, 66
金属ナトリウム……………………71
金属-半導体整流接合………………84

く
空洞型マグネトロン ……………107
グローバルユニオン社 …………213

け
結晶欠陥……………………63, 180
結晶整流器 …………………35, 37
結晶の整流作用 …………………13
結晶の対称性 ……………………11
ケネリ-ヘビサイド層 ……………30
ゲルマニウム ………………7, 135
言語処理 …………………………249

こ
光学回折格子………………………18
光起電力効果………………………90
高純度シリコン …………………139

鉱石検波器 …………………………101
コヒーラー …………………………22
コレクター …………………………173

さ
3極真空管 …………………………156

し
シーヴの実験 ………………………177
仕事関数 ……………………………81
集積回路 ……………………………215
集積化エレクトロニクス …………255
集積度 ………………………………224
周波数変調 …………………………48
シュレディンガー方程式 …………64
情報公開 ……………………………155
シリコン ………………2, 101, 135, 248
　　　　高純度—— ………………139
　　　　——技術 …………………35
　　　　——・ダイオード …102, 121
　　　　多結晶—— ………………172
信号部隊 ……………………………132
真性半導体 …………………………73
振幅変調 ……………………………49

す
スーパーヘテロダイン回路 ………46

せ
静電結合デバイス …………………181
世界市場展開 ………………………227
接合型電界効果トランジスター …181
ゼネラルエレクトリック社 ………44
セマテック …………………………245

そ
増幅器 ………………………………44
相補型電界効果トランジスター …181

た
ダイポール・アンテナ ……………17
ダイヤモンド構造 …………………73
帯溶融精製 ……………………163, 202
大容量半導体記憶チップ …………226
多空洞型マグネトロン …………99, 113
多結晶シリコン ……………………172

ち
窒化ガリウム ………………………89
中央処理装置 ………………………232
超伝導 ………………………………189
チョクラルスキー法 ………………204

て
DRAM ………………………………218
ディジタル集積回路 ………………258
ディジタル処理 ……………………224
テキサスインストゥルメント(TI)社
　　　　　　　　　　　　…184, 231
ディジタルエクウィップメント社 …233
デバイス製造設備 …………………236
デュポン社 ……………………138, 184
テレビジョン ………………………50
テレフンケン社 ……………………28
電界効果デバイス …………………169
電界効果トランジスター …176, 180, 228
電荷結合デバイス …………………219
電子回折現象 ………………………155
電子計算機 …………………………200
電子-正孔対の再結合 ……………88
電子伝導 ……………………………62
電磁波 ………………………………14
電信研究所(TRE) …………………113
点接触バイポーラー・トランジスター
　　　　　　　　　　　　…164, 172

と
特許の公開 …………………………183

事項索引　287

ドナー準位……………………………76
トムソン・ヒューストン(BTH)社…121
トライオード……………………………182
トランジスター
　………164, 172, 178, 181, 205, 209, 228
　　　──の製造法………………205
　　　プレーナー型──……………209
　　　メサ型──……………………209

に
二酸化けい素……………………………3

は
パーソナル・コンピューター………251
バイポーラー接合トランジスター…178
バイポーラー点接触トランジスター 164
パウリの排他律…………………………65
発光ダイオード…………………………88
発熱………………………………………270
波動力学…………………………………64
パルスレーダー…………………………97
半導体………………………………35, 53
　　　──トライオード……………167
　　　──メモリ……………………236
バンド理論………………………………67

ひ
pn接合…………………………………86, 163
p型不純物半導体………………………84
ピエゾ効果………………………………11
砒化ガリウム……………………………78
光ファイバー……………………………155
　　　──・ネットワーク…………252
ヒューレットパッカード(HP)社…184
表面トラップ……………………………170

ふ
フェアチャイルドセミコンダクタ社 215
フェルミ-ディラック分布……………66

フォトレジスト………………………207
不純物半導体……………………………75
歩留まり…………………………246, 269
ブラウン管………………………………26
プレーナー型トランジスター………209
フレミング管……………………………32
分子生物学………………………………250

へ
ベース……………………………………173
ヘテロダイン原理………………………31
ベル電話研究所………………136, 154, 191

ほ
方鉛鉱……………………………………25
ホール効果…………………………56, 74

ま
マイクロコントローラー……………231
マイクロソフト社……………………251
マイクロプロセッサー…………232, 249
マイクロ波…………………………47, 161
　　　──技術………………………96
マグネトロン………………………48, 113
マクスウェルの方程式…………………14
マスキング……………………………207
マルコーニ会社…………………………27

む
ムーアの法則……………………224, 266
　　　ムーアの第1法則……………224
　　　ムーアの第2法則……………245
無線電信……………………………21, 31

め
メサ型トランジスター………………209
メンデレーエフの周期表………………6

も
モールス信号················22
モトローラ(Motorola)社···········184

よ
ヨッフェ物理技術研究所·········111
四端子法·················55

ら
ラジエイション研究所··········132

RAM
RAM ··················218

り
リードオンリーメモリ··········218

れ
レーダー·················93

ろ
論理要素················200

Memorandum

Memorandum

訳 者

堂山　昌男（どうやま　まさお）
帝京科学大学教授
東京大学名誉教授
Ph. D., 工学博士

北田　正弘（きただ　まさひろ）
東京芸術大学教授
工学博士

2000 年 3 月 25 日　第 1 版発行

訳者の了解により検印を省略いたします

エレクトロニクスと情報革命を担う
シリコンの物語

著　者　F. Seitz
　　　　N. G. Einspruch
訳　者　堂　山　昌　男
　　　　北　田　正　弘
発行者　内　田　　　悟
印刷者　山　岡　景　仁

発行所　株式会社　内田老鶴圃　〒112-0012 東京都文京区大塚 3 丁目 34 番 3 号
　　　　　　　　　　　　　　　電話 (03) 3945-6781(代)・FAX (03) 3945-6782
　　　　　　　　　　　　　　　印刷/三美印刷 K.K.・製本/榎本製本 K.K.

Published by UCHIDA ROKAKUHO PUBLISHING CO., LTD.
3-34-3 Otsuka, Bunkyo-ku, Tokyo 112-0012, Japan

U. R. No. 500-1

ISBN 4-7536-6131-8 C1040

材料学シリーズ　堂山昌男・小川恵一・北田正弘　監修

金属電子論　上・下

水谷宇一郎　著　（上）A5判・276頁・本体3000円
（下）A5判・272頁・本体3200円

[内容]　**上巻**　金属結晶の電子輸送現象／超伝導現象／磁性金属の電子構造と電気伝導／強相関電子系の電子構造／液体，アモルファス合金および準結晶の電子構造と電気伝導　**下巻**　金属結晶の電子輸送現象／超伝導現象／磁性金属の電子構造と電気伝導／強相関電子系の電子構造／液体，アモルファス合金および準結晶の電子構造と電気伝導

既刊好評書

- 金属物性学の基礎　　沖　憲典・江口鐵男著　144p.・2300円
- 高温超伝導の材料科学　村上雅人著　264p.・3600円
- バンド理論　　小口多美夫著　144p.・2800円
- 結晶電子顕微鏡学　　坂　公恭著　248p.・3600円
- X線構造解析　　早稲田嘉夫・松原英一郎著　308p.・3800円
- 水素と金属　　深井　有・田中一英・内田裕久著　272p.・3800円
- セラミックスの物理　上垣外修己・神谷信雄著　256p.・3500円
- 結晶・準結晶・アモルファス　竹内　伸・枝川圭一著　192p.・3200円
- オプトエレクトロニクス　水野博之著　264p.・3500円

材料表面機能化工学　省エネルギー・省資源のための

岩本信也　著
A5判・600頁・本体12000円

材料表面の下地に含まれる希少金属をいかに長持ちさせるか，また下地に廉価な材料を用い腐食・触媒・耐摩耗性などを支持する表面に少量の希少金属を効率よく被覆または包合させる方法を多角的に総括する．

薄膜物性入門

エッケルトバ　著　井上・鎌田・濱崎　訳
A5判・400頁・本体6000円

薄膜の作製法からその性質・応用までを幅広くまとめる．
緒言／薄膜の作製法／薄膜の膜厚および蒸着速度の測定方法／薄膜の形成機構／薄膜の分析／薄膜の性質／薄膜の応用

低温小史―超伝導へのみち

奥田　毅　著
四六判・224頁・本体2000円

めざましい発展を遂げている超伝導の世界．40年以上にわたり，この低温の世界を見つめてきた著者が，低温にまつわる歴史を説き明かし，その無限の可能性を語る．